阅读成就思想······

Read to Achieve

审美大脑

人类美学
发现简史

The
Aesthetic
Brain

How We Evolved to Desire Beauty and Enjoy Art

［美］安简·查特吉（Anjan Chatterjee）◎ 著　燕子 ◎ 译

中国人民大学出版社
· 北京 ·

图书在版编目（CIP）数据

审美大脑：人类美学发现简史／（美）安简·查特吉（Anjan Chatterjee）著；燕子译. -- 北京：中国人民大学出版社，2025. 1. -- ISBN 978-7-300-33357-1

Ⅰ．B83-02

中国国家版本馆CIP数据核字第202474432M号

审美大脑：人类美学发现简史

［美］安简·查特吉（Anjan Chatterjee）　著

燕子　译

SHENMEI DANAO : RENLEI MEIXUE FAXIAN JIANSHI

出版发行	中国人民大学出版社		
社　　址	北京中关村大街31号	**邮政编码**	100080
电　　话	010-62511242（总编室）		010-62511770（质管部）
	010-82501766（邮购部）		010-62514148（门市部）
	010-62515195（发行公司）		010-62515275（盗版举报）
网　　址	http://www.crup.com.cn		
经　　销	新华书店		
印　　刷	天津中印联印务有限公司		
开　　本	720 mm×1000 mm　1/16	**版　次**	2025年1月第1版
印　　张	16.25　插页1	**印　次**	2025年1月第1次印刷
字　　数	184 000	**定　价**	69.90元

序

The Aesthetic Brain

我简直就像某些寓言中描述的傻子一样，贸然闯入一个连神灵都望而却步的异域。一个科学家为什么偏要就美学发表高论呢？对人类来说，艺术和审美早已渗透到骨子里了。在这方面，哲学家、历史学家、文艺评论家和艺术家们是最有发言权的，更何况在岁月的长河中，人类对该领域的认知已达到相当的深度。倘若如此，如果透过自然科学的棱镜去认识美学与审美，是否有可能为这个领域添枝接叶呢？乍一看，兴许是天方夜谭。

在美学与审美问题上，虽然一直以来人们对现代科学能否提出一些值得关注的新发现的质疑声不断，但像我这样的科学家或许会感到乐观，即使这种乐观可能是出于无知。在我看来，这种乐观基于以下两个重要的认知。

其一，人类的所有行为都有相对应的人体神经，或者说人的任何行为都能在其神经系统中找到对应体，至少在个人层面上是这样的。换言之，没有任何思想、欲望、情感、梦境和自由的想象，不是与人体神经系统的作用密切关联的。正因为如此，科学家们认为，更好地了解大脑的功能与构成，对深化人们对身体各种功能的认识十分有益。这些功能包括语言、情感和感知，但没有理由指望对这些功能的理解能够深入并延伸到对美学的认知方面。

其二，人类进化的力量已经塑造了现代人的大脑和行为。进化生物学，尤其是新近的进化心理学提供了一个强有力的参照标准，使我们能够通过这个参照标准去认识究竟是什么力量决定着"人缘何为之其所以为也"，即"我们为什么要做我们正在做的事"。

长期以来，人文领域的诸多研究者始终没能涉猎神经科学和进化心理学。换句话说，来自这两个学科的发现和知识始终未能被加以结合，并用于启迪人们对艺术和美学的探讨。因此就出现了这样一种情况，即凡是既相信神经科学能够告诉我们美学是怎样揭开"我们为什么要做我们正在做的事"之谜，又相信进化心理学能够告诉我们美学为什么能够对"我们为什么要做我们正在做的事"做出解释的人，可能更容易受到这种乐观情绪的影响，进而自我陶醉其中。对于我们这些从事科学研究的人来说，这或许正是我们应该对美学与审美做一番深入审视的原因所在。

当人文研究领域的一些学者听说这类"逞能行为"时，总是将信将疑，且他们的质疑还不一而足。有的学者认为所谓科学的美学纯属天方夜谭，因而断然予以拒绝；一些专家兴许认为这类看法不过是追风赶时髦，只会转瞬即逝、昙花一现；当然也有人对此嗤之以鼻。这些不同的反应也许源于一种普遍的焦虑，即人们担心神经科学界中那些无孔不入的"暴发户"会乘机逾越自己的学阈而蚕食他人的领地。因为仅仅在过去 10 年间，来自诸如神经经济学、神经法学、神经文学，甚至神经神学领域的一些术语，已经渗透到了我们的语言体系之中。难道神经美学家们会袖手旁观？

难道他们不会趁机攻城略地并掏空美学之精髓，仅给美学留下一个徒有其表的荣耀躯壳？

　　因受到这样或那样的诱惑或利诱而发生这种情况的可能性不能排除，即神经科学家有可能全然不顾人文领域的学者因其研究领域受到挤压而使自己成为"濒危物种"所做出的种种反应。现在的情况是，只要牵涉研究岗位或经费时，人文学者们的处境都极为尴尬。不仅如此，就连人文学科的一些固有领域也因滞后于科学技术进步的步伐而面临落伍的危险。此外，神经科学家们还对人文学者研究美学的方法和路径不屑一顾。在他们看来，科学技术的发展将决定未来，人文学界的那些研究方法过于"恋旧"而裹足不前，人文学者们做出的那些反应甚至会被视为反理性的。不过即便如此，他们还是会对人文学者们所依依不舍的那些逝去的东西礼貌地致以敬意。那么，作为科学研究者，神经科学家为什么会对一些研究方法完全持否定态度呢？其中有一点理由是肯定的：在各种观点的交流场所，只要神经科学和进化心理学在自己的领域做出任何成绩，这些成绩都会被广泛接受。正因为如此，神经科学家们才会理所当然地认为，只需大步向前，做自己想做的事，不必顾及人文学者们的忧虑。

　　我为神经科学家和人文学者各自绘了一幅漫画，这两幅画显示：大多数神经科学家对人文学者根本不屑一顾，这一点至少体现在神经科学家的专业领域中，我也由此臆断人文学者们也不会待见神经科学家，尤其是当他们的专业问题与科学问题发生交叉时。当然，还有一些人，他们对其他领域的一些问题的探索仅仅只是一时兴起，也因此对神经科学家与人文学者相互借鉴彼此的观点不会持异议，或者说，至少对双方进行有意义的交流互鉴是持开放态度的。在这方面，有两本书值得一读：一本是玛格丽特·利文斯通（Margaret Livingstone）撰写的《视觉与艺术：透视生物学》（*Vision and Art: The Biology of Seeing*）；另一本是约翰·奥尼恩斯（John Onians）所著的《神经元艺术史》（*Neuroarthistory*）。这两位作者都在自己的著作中分别对自然科学与人文科学进行相互交流的问题进行了探讨。

　　不过，谈及神经科学和进化科学对美学的贡献，我认为无论是持乐观态度还是悲观态度，现在都为时尚早。神经美学目前仍是一门尚处于起步阶段的学科，该领域的专家们日常讨论的重点仍主要集中在研究方案、调研手段等方面，眼下他们甚至还在考虑究竟哪些问题应该纳入该学科的研究范围。从这个意义上讲，在美学范畴里，现阶段就想准确预知进化心理学到底有多大的潜能也不现实。可以说，围绕着如何运用神经科学和进化科学促进美学研究的主题，相关专家正在讨论的问题主要包括：什么是合理的研究方法；什么有可能成为具有说服力的证据。像其他科学一样，正是处于启蒙阶段的美学科学的这一系列问题，使得这个阶段更有魅力。此外，美学科学的早期阶段也开启了一个激动人心的时刻，广阔的天际线正在打开，犹如一片未知的新大陆正在被发现。

　　然而，人文学界和自然科学领域相互之间天生就存在着这样或那样的龃龉，彼此剑拔弩张也是家常便饭。这一点不可置否。但是，随着神经美学研究的深入，这种固有的矛盾将会以什么形式出现并产生什么样的作用，仍有待观察。在这些可能的不和睦发生之前，先将这一点讲清楚很有必要。只有这样，当我们将这门科学向前推进的时候，才能对这些冲突做到心中有数，并保持警醒。总而言之，随着对这门科学研究的深入，这类问题中的一部分是可以得到解决的，另一部分也许将会被事实证明的确难以逾越。让人文及社会科学与自然科学形同水火的主要矛盾集中在三个方面：（1）对审美与艺术的主观体验和客观体验之间存在不同看法；（2）对美学与艺术研究应关注个性还是共性问题的认识大相径庭；（3）在研究美学和艺术时是采用广延性的还是节制性的方法的研究路径也存在差异。

在你的生活中是否曾有过这样的经历：当你全身心沉醉于一幅画作或一段乐曲中时，在某一瞬间，你大脑中对时空的感知完全是一片空白。这种物我两忘、魔幻般的瞬间，在通常意义上被戏称为"深层主观意念"。当然，问题在于，科学在进行分析时是需要某些客观性的。那么，你又将怎样客观地去捕捉这种有意义的体验呢？一般情况下，客观性都是以量化形式存在的。但对美学的实验方法来说，要将这些表面看上去属于"不可知或先验的体验"转化为数字，的确是一个巨大的挑战，这是因为信息需要量化，推断或假设需要得到证实，而得出的一切结论又都必须是可重复验证的，否则，就是不成立的或是虚假的。科学所取得的进步都是建立在这些基础上的。那么，在对审美体验进行描述时，作为科学特质的这种客观性会不会根本无从着手而达不到目的呢？此外，神经美学会对这些体验的核心要素视而不见吗？抑或仅仅只是隔靴搔痒，大而化之？

有人或许会振振有词地说，即便是审美体验也源自人的特定喜好。例如，我或许偏爱视觉艺术，而你则可能更喜欢音乐，他没准对舞蹈情有独钟。即便是视觉艺术，也会因人而异、见仁见智。譬如，我或许对塞尚（Cezanne）的画作充满敬畏之心，而你则可能会更青睐西德尼·波拉克（Sydney Pollack）①的影视作品。即便是塞尚的作品，在我内心也存在着亲疏差异。他的风景画和静物画每每令我心旷神怡，而他的肖像作品却让我觉得毫无趣味可言。或许，审美体验的本性就是会对每个特定的对象着迷，因而任何从那种体验中产生的普遍性都是微不足道的。例如，我之所以对塞尚偏爱有加，是因为他在画面上勾勒轮廓以及利用平面表达层次的技法令我着迷，而如果将其普遍化，那对我而言，恰恰不是我欣赏塞尚画作最重要的部分。科学的目的在于揭示事物的普遍性，而寻求特殊性又仅仅是用以发现普遍性的途径之一。作为实验设计的物料，我们通常会列入多个特殊性，以确保单一艺术作品中任何令人不悦的和独特的作用元素，抑或我们通常所说的"兴奋点"（stimulus）②，能够被其他艺术品中同样恼人和独特的多种作用元素所抵消。这样一来，所剩下的就只是在我们考虑范围内的所有艺术品中的那些共同元素了。实验中选用的作品越多，我们获得寻求普遍性的动能就越大。这种特殊性与普遍性之间的矛盾，和个人在观赏和创作作品过程中遇到的主观性与客观性之间的矛盾有着异曲同工之妙，只是后者存在于艺术作品本身之中而已。难道科学家们会因沉迷于在截然不同的艺术作品中寻找普遍性而再次与获取魔力失之交臂吗？而这种魔力只能在深入探索特定作品时方能获得。

在面对一个综合性的领域时，任何一种科学的研究方法都必须将整体分解为各个组成部分，然后对每一部分进行单独检查分析。随着科学家对各个部分认识的不断深入了解，整个系统的全貌便会显现出来。事实证

---

① 西德尼·波拉克，美国电影导演、制片人、演员，其作品《走出非洲》（*Out of Africa*）获第58届7项奥斯卡奖。——译者注
② 在西方审美与艺术创作中，"stimulus"通常还译为"灵感"。——译者注

明，这种方法对帮助我们理解人类的知觉、语言、情感、行为以及如何做决定十分有效。如果美学科学成立的话，使用这种研究方法是必要的，但是该方法是失败的诀窍吗？或许，审美体验就其本质而言是一种由不同部分构成的突显特征，而要搞清楚这种本质，仅仅研究其各个部分是远远不够的，这种情况就像化学家为了弄清水的成分而对氢和氧的特性进行研究一样。有鉴于此，我要再啰唆一句，美学科学的初衷可能偏离了其真实目标。

那么，我们如今处在什么阶段？随之而来的又是什么呢？接下来，我将就美学中的一些传统观点谈谈我的看法，同时会继续对自然科学与人文科学之间的那些矛盾保持关注。此外，美、快乐和艺术将在本书中占有专门的篇幅。在现实中，大多数人只要一想到美学就会自然而然地与美感联系在一起。然而，美感因何而生？美感究竟能够激发人的何种情感呢？审美体验能给人带来深切的情感，并时时让人的内心充满快感，那么，快感，或从更广泛的意义上说我们得到奖赏的体验，又是怎样在大脑中有机构成的呢？

我们为何有特别的快感呢？美感与快感是两个足够复杂的问题，迄今为止，它们都是可以分开来讨论的。但在本书中，我的目标是把这两个问题放在一起加以探讨，并将其与艺术相联系。我将对我们该如何思考艺术，以及艺术与美感、快感之间的相互关系进行探讨。在后现代的世界中，难道艺术已经与其传统的伴侣——美感和快感分道扬镳了吗？我将用神经科学和进化心理学这一双焦点的透镜对美、快乐及艺术一窥究竟。

本书存在着一些明显的缺失，这是我必须承认的。例如，我既没有涉及包括音乐、文学等在内的非视觉艺术问题，也没有对建筑学的应用艺术展开讨论，但是，书中提到的一些看法、观点又的确与这些领域相关联。即便如此，我也不愿面面俱到，否则的话，本书会更冗长。此外，我还舍弃了像创造力这样极具分量的话题，而创造力本身完全可以轻轻松松独立成书。我的侧重点是直面审美，而不是为了实现这种直面而刻意去创造条件。最后，我还将不吝向读者提出某些"忠告"，以及若干科学论文所特有的探讨性结论。在此过程中，我不希望那种过分违背常识、违背人类如何认知，或者违背科学知识及其积累的天性的情况发生。

随着探索的深入，坦率地说，我对将美学与神经科学和进化心理学联系在一起还是有点信心的。把研究的侧重点集中于人的大脑功能将有助于我们对美感作用机理的理解，而进化心理学的参照标准则将帮助我们了解美感的原因所在。不过，或许是我太过性急了。还是让我们看看神经科学和进化心理学到底能不能照亮我们在美、快乐和艺术的迷宫中的探索之路吧。

目　录

引言

　　记得那是一个阳光明媚的午后，我步行前往位于马略卡岛帕尔马市的现代与当代艺术博物馆（Museum of Modern and Contemporary Art）。这座由古代城墙"护卫"着的博物馆有一个高挑、硕大而宽敞的露台直面地中海。走进展厅之前，我登上高台厚榭凭栏远眺，海天一色，旖旎之致。海湾里，点点白帆在粼粼波光中闪烁；海滩上，棕榈树在微风中婆娑翩跹。

　　步入展厅，毕加索的陶盘跃然眼前。这几件作品仅用寥寥数笔线条便表现出物体的轮廓，突出反映了大师的高妙手法。另外一间展室陈列的是米罗（Miró）的画作，他把握形体的本领恰似"胸中先具舞动之意，自然笔势灵活飞走"。两位大师的艺术作品令人心醉神迷，油然而生的快感令我久久难以忘怀。

　　我接着徜徉前行，进入取名为"爱与死亡"的主展厅。在大厅一隅，我注意到一件寓意难以捉摸的艺术品：一串注满了看上去像鲜血液体的塑料袋，这些袋子被放置成上下两个盘旋着的环形物，整体呈管状，仿佛要给某位患者输血一样。出于莫名的强烈好奇，我不断绕着这件艺术品凝神观看，在这一连串红色塑料袋的上方布置了一组高约 2 ~ 3 英尺 ① 的镜子，所有镜面都设置成不同角度，映照出参观者的腿和脚，我的两条腿也在镜中。透过这些镜子，头朝下悬挂着一棵树干纤细的小树，树枝上有许多黑色小鸟，统统右侧朝上，而地板上落有更多黑鸟，宛如熟透坠地的果子。即使我对其要表达的意思一头雾水，但却仍被其深深吸引。

博物馆的一位保安见我踟蹰良久却一脸怅惘，于是用西班牙语与我搭讪。但当他发现自己的善意令我更加困惑时，他立马改用英语与我交谈。在他的引领下，我来到设置在展厅一角的几块制作精美的展板前，其内容是关于每位参展艺术家及其作品的介绍。尽管这样的艺术品"解码器"不是专门为像我这样来西班牙的美国人准备的，但它们对像我这样的观展者理解这些大师们的作品很有帮助。在我任职的宾夕法尼亚大学所属的当代艺术研究所里，倘若没有讲解，我也很难看懂那里的展品，真正能够求得三昧并不失真意就更无从谈起了。

然而，发生在博物馆内的这个小插曲却启发我提出了几个带有根本性的问题，对此，我将在本书中寻求答案。眼下还是让我们回到在马略卡岛的那个下午，当我久久凝视地中海那片色彩斑斓的海面时，水之深邃，光之苍茫以及人文物象在一望无际的烟波飘渺中所呈现出的各种颜色构成了一种美。然而，到底是什么造就了这种美并令人悠然神往呢？假如当时我父母也在那里，映入他俩眼帘的景色也肯定是美的。假设你当时也在现场，相信你也会感同身受。这就提出了一个问题：当我们看到这些美景时，在我们的大脑中，难道有什么特别的情况发生了吗？我的直觉告诉

---

① 1 英尺 ≈30.48 厘米。——译者注

我，大多数人对我当时所体验到的美一定会有同感。如果这个判断是正确的，这是否意味着我个人对那个场景所产生的美感带有某种普遍性呢？除了呈现在我眼前的自然美景之外，人的容貌和身体是不是也具有别样的美呢？此外，诸如此类的元素，以及自然风光、肖像、裸体等这些在艺术世界中具有特殊分量的主题，难道恰巧在我们大脑的不同部位也都有其专门的位置吗？当我体验人的容貌和身体形态之美时，难道我的大脑会做出某种相应的反应吗？同理，当我观赏美景时，我的大脑也会做出相同的反应吗？

仅仅是发现当我们被美的物体吸引时大脑中所发生的情况，还不足以彻底解决为什么这些物体是美的问题。要找到这些问题的答案，我们应该借助于进化心理学。进化心理学的基本出发点是：就像我们的身体特性能够提高我们的生存能力一样，如果我们的智力也能够增强我们适应自然环境的能力，那么我们的智力就会不断进化而逐步得到提升。在远古时期，我们的祖先为了在严酷的环境中生存并繁衍后代，始终在不断地调整自己的行为方式，并精心选择自己的伴侣，以繁育健康强壮的后代，而彼时，人的美，特别是容貌和身体方面的某些生理特征是人的健康标志。在数万年之前，我们祖先在这方面的特征对选择配偶是至关重要的，而在今天，这些特征正是我们所普遍认同的美。在那些渐行渐远的岁月中，对于那些四处寻找猎物并只能依靠集体力量狩猎的先民来说，越令人身心愉悦的自然环境和美的景物，其吸引力就越大。在人类祖先的认知中，这样的地方往往更有安全感，并且水草也更丰美，猎物也会更多。不难想象，这对于远古时期那些生存环境凶险、茹毛饮血并且人数规模小的族群的生存与繁衍，是多么地重要。

　　当面对地中海极目远眺时，我的身心渐渐进入一种深沉而静谧的愉悦状态，整个人都松弛了下来，并与眼前的美景融为一体，或许我的这番慰藉与那些以狩猎为生的先祖们的感受是一样的。然而，这种快乐看上去与我那个下午在帕尔马现代与当代艺术博物馆大露台上邂逅的一位优雅女士而产生的快乐有所不同，与品尝西班牙风味美食——平锅菜饭（paella）所带来的那种浓烈、馥郁，好像百味兼具，又难以言状的味蕾快感反应也不一样。那么，它们属于什么性质的快乐呢？它们与美学或艺术之间又有着一种怎样的联系呢？在博物馆内端详毕加索的陶盘和米罗的绘画同样令我陡生愉悦，这些永恒的作品令我流连忘返，其明快的色彩和优美的线条令我一唱三叹、放飞遐想：幻想着假如我的家中也挂着一幅米罗的作品，那肯定是一派蓬荜生辉的景象，可以想象一幅这样的画作肯定价值连城！

　　上述种种快乐体验引出了一个问题，即获得一种审美体验到底意味着什么？在人的大脑中，支配我们快乐情感的系统隐藏在远离表面的深层结构之中。这些结构常有着令人肃然起敬的叫法，如眶额叶皮层、依伏神经核等。此外，人还有着种类繁多的脑神经递质，就像阿片类药物、大麻素和多巴胺一样，发出信号，进而使人产生不同的快感。然而，在大脑中，不同类型的快感是转换成单一的交换媒介进行传递的吗？玉兰花馨香馥郁所带来的快感，与赢得一场赌局抑或赏析马克·罗斯科（Mark Rothko）[①]的作品所带来的快感是一样的吗？

　　当我们尝试把快感和审美体验相联系时，反而陷入了这样一种悖论

---

① 马克·罗斯科（1903—1970），出生于俄国的美国抽象派画家，抽象派运动早期领袖之一。——译者注

种：在人类迄今的进化过程中，因为人对美的各种应答反应有助于人类的生存繁衍，所以这些反应的能力得到了不断强化。而事实上，对美的审美反应未必真正有实用价值。人脑中特别的奖赏系统与人类的各种偏好是捆绑在一起的。所以，美丽的容貌和健硕的身体与人的性欲紧密相连；恬静温润的自然环境与我们寻求的安全感紧密相连。人类的适应特质之所以在适应方面是极其精准的，是因为这些特质对那些最实际的理由有益，譬如，寻觅伴侣、生出健壮的后代，以及在严酷的环境中生存下来。然而，18 世纪的理论家们，如安东尼·阿什利·库珀[1]（Anthony Ashley-Cooper）和伊曼努尔·康德（Immanuel Kant）认为，与美学邂逅是一种包含在无利害计较的兴趣[2]当中的特殊类别体验。审美体验的快感仅仅是一种自我体验式的，不会超越其自身而延伸到有实用价值的范畴。每当我看到米罗的作品，我总是会想象假如这幅作品是挂在我家里肯定美不胜收，这种幻觉本身或许已经令人愉悦万分（这种快感也许与将那幅画真的买下来的快感不一样）。因此，获取实物的快感本身并不是审美体验。如果这一认知是正确的话，审美体验就应该是无利害计较的（我绝不要求人人都接受这个观点）。然而，我们因此就遇到了上述那个悖论。无利害计较的兴趣是怎样成为人类的自适应能力的呢？类似的问题包括：如果人类大脑中的奖赏系统也具有自适应性，即对人类有实用价值，那么，这套奖赏系统是如何获得审美能力的呢？在本书中，随着我在美、快乐和艺术世界中遨游，我将逐一揭开这一悖论之谜。

---

[1] 英国政治家、哲学家，新柏拉图派美学的主要代表，著有《论特征》《道德家门》等书籍。——译者注

[2] 这是康德区别纯粹美和依存美的一个概念，即纯粹美应当是没有概念、没有目的和无利害计较的。——译者注

　　那么，在我们的大脑中，无利害计较的兴趣的实际意义何在呢？要搞清楚这一点，还是让我们走进实验室，看看在小白鼠面孔上能观察到的快感。通过一系列巧妙的实验，神经科学家肯特·贝里奇（Kent Berridge）和他的同事们已经确定了脑神经两个平行的应答系统的位置，肯特将其分别称为"喜欢"和"想要"。在人脑中，这两个系统的位置相邻，相互协调开展工作，正可谓"我们喜欢自己想要的东西，我们想要自己喜欢的东西"。尽管在正常情况下，这两个系统是共同工作的，但它们也会"分道扬镳"。如果不想要，喜欢从何而来？没有获取的冲动，也会有快感吗？或许，这正是获得审美快乐的真正含义所在，即这是一种未受到"想要"玷污的喜欢。而假如没有喜欢，想要又何以产生呢？经典的范例就是毒瘾。瘾君子对毒品的渴求完全超越了对毒品的喜欢。因此，癖嗜是一种典型的反审美状态。

　　截至目前，涉及那一次在帕尔马的博物馆中我对美和快乐体验的观念，我还没有触及自己对该馆中"爱与死亡"主题展的感受，特别是那些螺旋盘绕的血袋、互成角度放置的镜子和坠落的小鸟让我困惑不已。这些艺术品或许有趣，但我觉得其毫无美感可言，我无法像欣赏毕加索和米罗的作品那样去品味它们，它们确实在我内心激起波澜，但这都与快乐毫不沾边，心中的感受可以说是五味杂陈，包括好奇、厌烦和困惑，甚至令人恶心。这几件展品能称得上是真正的艺术品吗？包括我在内的绝大多数人总是将艺术同美联系在一起，每当我们邂逅艺术，通常都是期盼能带来快乐的体验。我们应当如何将这样的当代艺术范例与许多人将艺术视为美并能带来快乐的观念相融合呢？在这一点上，现实中是否存在着巨大的认知差异呢？为澄清这些，艺术家、艺术评论家、博物馆馆长作为文化权威，有必要向我们这些外行揭示艺术的种种奥秘。

　　曾多年担任《华盛顿邮报》(*Washington Post*)艺术评论员的布雷克·戈普尼克(Blake Gopnik)认为，大多数艺术是一场持续不断的文化对话的一部分，在这些对话中，艺术品借以表达的含义，或者其中所蕴含的各种信息是压倒一切的。通常情况下，这些信息与美和快乐少有关系。就像一场正在进行的复杂的交流对话，如果你期待突然从中间贸然插入并能立刻明白对话双方所说的内容，这也是不切实际的。戈普尼克认为，科学家在探究艺术时总是会不由自主地借助 18 世纪的美学理论。神经美学和进化美学或许是当今的前沿学科，不过科学家们的思维方式是过时的，他们如今的所作所为与艺术完全南辕北辙。

　　对于人们对科学审美与艺术相互关系的这些担忧，我总的回应是：我们应致力于提供一种足够宽的框架，使其不仅能够容纳包括当代艺术或者其他不同时代艺术在内的所有艺术，甚至能够接纳未来 50 年或 200 年的艺术。要实现这个目标，我们意识到在那些与艺术初次接触者和获得审美体验的人的心中，有三个要素至关重要，它们就是艺术心理学家岛村(Shimamura)所指出的感觉、情感和含义这三个要素。何为感觉呢？在绘画中，它可能是生动的色彩和粗犷的线条；在音乐里，它可能是节拍和旋律。至于情感，由艺术激发起的情感，通常是令人惬意的，但也有令人作呕或其他一些微妙而难以言表的情感。就含义而言，艺术的含义或是政治性的，或是知性的、宗教性的、仪式性的，抑或是破坏性的。其中或许还包含一种艺术家与观众之间的文化对话。因此，我们需要一种框架，它可以融合不同的感觉，包容各种情感，并使各种潜在的含义可以相互交流互鉴。无论是艺术评论家，还是艺术史学家或艺术哲学家，在对艺术的感觉、情感和含义这三个要素的看法方面可能因人而异，见仁见智，其侧重点也完全可能大相径庭。对艺术作品或者真正的理论家来说，哪个要素最重要，我们都要在一套科学构架内对其加以验证。然而，我们将会看到的是，当代艺术对科学家们确实构成了一个特别的挑战。其挑战在于要搞清楚科学是否能解决艺术中的含义问题，以及这个挑战本身是否为科学的延伸设置了内在的限制。

那么，人脑中是否存在一个专门负责审美的神经网络呢？截至目前，对大脑的研究尚未发现这种神经网络的存在。再往前迈一步看，如果我们将审美分解成各个组成部分，也同样没有找到与审美感觉、审美情感和审美含义相对应的特别的神经网络。我们将看到的是，艺术是以灵活的方式完整地组合在一起的。这种灵活形成整体的概念同样适用于人脑和生命进化机理。人体有完整的神经子系统，它们灵活地组合在一起，给予人审美体验，而组合成审美总系统的特定的神经子系统则受到一个人的生活经验和文化修养的引导。由于这套总系统的各个组成部分能够灵活地相互组合，因而人们认为，艺术或艺术所激发的审美体验会随时间和地点的变化而变化。譬如，印象派艺术家的画作如今受到广大公众的追捧，而最初人们却对其不屑一顾。当然，从 19 世纪末期到 21 世纪初期，人脑并没有发生任何变化。人的神经感知结构和奖赏系统也没有发生任何变化，而真正发生变化的是，建立在我们的知识和经验基础上的特别的认知与奖赏系统之间的联系，正是这种在各个组成部分组合成审美总系统过程中的灵活性，对使得美和审美体验更为丰富多彩，甚至使其变幻莫测方面，实在是功不可没。

　　我将在本书中讨论的最后一个问题是：人类是否具有某种艺术天性。人的天性是一种行为适应能力，在我看来，人类之所以不断得到进化，是因为人类的祖先在适应生存环境方面获得了某种先机。在寻觅关于人的艺术天性的证据的过程中，我十分清楚，要想确定是什么构成了人类的适应性行为谈何容易，尤其是在涉及像艺术这样复杂的元素时更是如此。这也迫使我们去充分发挥自己的想象力，大胆地设想我们的祖先在漫长的时间长河中，面对错综复杂的生存环境，是如何做到这一点的。总的来说，我们现时的生活环境、我们赖以生存的各种机构，以及那些在现代社会中使个人获得成功的种种要素，对于我们如何用这样的方式进化为今天的我们，并非至关重要。我们人类是过往的创造物。

　　那些在人类的进化过程中帮助我们生存下来的身体的各个部件依然如旧。不过并不是构成我们心智的所有身体部件都具有适应性功能，有些只是搭便车而来的。古生物学家斯蒂芬·杰伊·古尔德（Steven Jay Gould）认为它们是人类进化过程中产生的副产品，就像家中"楼梯下的拱肩（spandrel）"①。这类拱肩通常是一个三角形的建筑空间，由支撑圆柱与拱形横梁组成，在空间中相互交汇。从建筑设计上讲，这个空间没有功能性作用，相对于像支撑圆柱、拱形横梁、墙体等具有重要结构功能的物体来说，这个空间只是它们的副产品而已。但是，尽管平常隐而不露，这些空间却可能成为高光显现的部分。无论是在教堂或其他古典建筑中，你只要留意便会发现，这样的空间常常被装饰得别致典雅。即使如此，从室内空间的建筑结构设计角度说，楼梯下的拱肩的产生纯属意外。然而，若对这

① "peandrel"多指建筑物结构中的"拱肩"部分，这里指室内楼梯下的空间。——译者注

些空间巧加利用，它们甚至能够成为室内的一大亮点。

那些谈论艺术演变的学者倾向于在两种观点中二选一。他们要么认为艺术是一种天性，要么认为艺术是一个进化的副产品。[1] 艺术天性论者认为艺术无处不在，无论是回望人类的古代文化，还是纵览五光十色的当代文化，艺术的这类例证比比皆是。如果艺术无所不在这个事实确实成立，则艺术是天性使然。在这个问题上，已故哲学家丹尼斯·达顿（Dennis Dutton）更加超前，他干脆将自己的那部畅销之作直接取名为《艺术天性》（*The Art Instinct*）。而那些进化副产品论的拥趸则强调"为艺术而艺术"，认为艺术的实践是极其丰富多彩的，是由文化塑造的。为艺术而艺术的观念指的是，艺术不是对任何事情都有实用价值的，它不过是诸多对人类祖先有用的其他能力的一个副产品而已。然而，艺术极为丰富多彩的事实又是对艺术仅仅只是艺术的观点的一种质疑。为什么如此多的表面上看似截然不同的对象仅仅是一种天性的表达？为此，我将在本书中说明，无论是艺术是天性的观点，还是艺术是进化的副产品的主张，都难以令人信服。如果想真正理解艺术的普遍性和多样性，就必须另辟蹊径，用第三种方式去思考艺术。在这个问题上，日本人在过去的250年中如何培育一种孟加拉雀（Bengalese finch）的案例（第9章将详细讨论），兴许可以为我们指明思考艺术的第三条道路。

我上次在马略卡岛的艺术之旅始于漫步帕尔马海湾极目远眺时的遐想，随后是在博物馆欣赏毕加索和米罗作品的高贵典雅，最后在"爱与死

---

[1] 所谓"艺术是一种天性"，是指人对艺术的认识是一种天生的反应，而"艺术是一个进化的副产品"是指人对艺术的认知是在进化过程中逐渐获得的一种能力。——译者注

亡"展厅内那几幅作品带来的困惑中画上句号。在这本书里，我将再次开启一段艺术之旅，只是脚步会更缓慢一些，我将从由美所产生的兴奋开始，随后徜徉于愉悦带来的快乐之中，最后以艺术的神奇惊艳作为这次艺术巡礼的终点。我将向各位展示我们的祖先是如何受天性驱动追求美的梦想，以及我们如何怡然自得地享受艺术之美带来的身心愉悦。

第 一 部 分

美

第 1 章

所谓美，究竟为何物

> 请记住：世间那些最漂亮的东西都是最没有实用价值的，孔雀和百合花便是如此。
>
> ——约翰·罗斯金（John Ruskin）[①]
>
> 倘若你在这个世界上仅存两枚铜板，花一枚买个馒头，另一枚买支百合花。
>
> ——中国谚语

美之魅力令人魂牵梦萦，人们终其一生，苦苦寻觅，一旦觅得，沉浸其中。美给予人愉悦，唤起遐想万千，亦会令人惆怅悲伤，甚至绝望无垠。假如神话传说值得一信，美还能驱使千百艘战船劈波斩浪，奔赴沙场。然而，所谓美者，究竟为何物？

美究竟是世间事物外在的一种属性，还是在人脑中能找到的某种物质？美是由文化构建的一种想象吗？或许，美是那些权贵人物刻意制造出

---

① 约翰·罗斯金（1819—1900），英国画家、艺术评论家，影响较大的著作包括《现代画家》（多卷本）、《建筑艺术的七种源泉》等。——译者注

来的，以便利用美来维护其自身的权力、赚取钱财，或推销物品。这些关于美的观点与我们此前谈到的美从根本上说没有什么实用价值的普遍看法相去甚远。回到古希腊时期，那时的人们长期以来笃信，美与真和善一道共同构成了一种核心价值观，以此奠定了人性的根基。

那些精于思考的人以这样或那样不同的方式来描述美，美也因此成为一种强有力的和充满神秘感的东西，令人趋之若鹜。然而，我们既不知何处可以寻觅其踪影，也不知道其到底为何物。让我们回到最初的问题，即世间的美是外在的吗？美是客体吗？提出这样的问题似乎很愚蠢。那些情窦初开的少男少女们肯定会认为提这样的问题愚不可及。美当然是客体！容貌、身体、自然景观，所有这一切都可以是美丽的。千百年来，这些美被艺术家们通过其作品流传于世。音乐、诗歌皆能美妙无比，香水和佳肴亦能美不可言，甚至各种数学验证①亦充满着美感……由此可见，世间之大美似乎无处不在。

关于美的这些例子似乎明确无误地表明存在着美的客体，但与此同时却留下了一个难题。世间万物千差万别，要想弄清究竟是什么造就了美又谈何容易。英格丽·褒曼（Ingrid Bergman）的容貌美若天仙，晨曦中的布莱斯峡谷（Bryce Canyon）②的壮美令人惊叹，莱昂哈德·欧拉（Leonhard

---

① 在数学家和美学家眼里，数字充满了美。物理学家认为，正是通过研究对称性和非对称性的美，推动了量子力学的研究不断深入并硕果累累。——译者注
② 位于美国犹他州，属国家公园。——译者注

Euler）^①的数学恒等式充满着美感，这三种美究竟有什么共性呢？我们称其为美，难道只是在玩弄辞藻而已？假如美包含在客体之中，而一般情况下我们只能通过自己的感官系统了解客体，那么，那些不能唤起共同感觉的客体也真的都能被看成是美的吗？数学之美根本不是产生于我们的感官系统，或许，美并不存在于客体自身，而是存在于发生在我们身体内部的某个地方。或许，这些客体只是在我们的头脑中才是美的，美感是通过激活人脑中的美的感受器才得以产生的。也许只有某些特殊的人才有这种美的感受器。这些对美具有细腻品味的特殊的人有必要向我们这些普通人解释，究竟何为美。

古往今来，围绕着美到底是存在于外在世界，还是存在于人自身这个问题的争论，此起彼伏，莫衷一是。但这个问题终将不攻自破。这个问题所设定的先决条件是，客体的世界和客体的感知器官是两个各自分离的实体。我们不得不以非此即彼的方式在美的本质之间进行选择。在后文中，我们将更为详细地看到，进化心理学中的一门课程讲授的是，我们与自然界是深度融合在一起的。人类的头脑是由大自然塑造的，并与生存环境紧密相连。如果不深入了解世间万物的属性，就无法就我们的思维结构提出任何问题。至于美是存在于外在世界还是存在于我们的头脑中，这个问题或许可以用以下方式提出来：在人类头脑与世间万物的联结过程中，到底是什么给予了我们美的体验？

---

① 莱昂哈德·欧拉（1707—1783），瑞士数学家、物理学家，纯粹数学奠基者之一。首先将三角函数作为数量的比值，创立"欧拉恒等式"，国际科学界因此将其誉为 18 世纪最杰出的数学家。——译者注

为了探究头脑与世间万物的这种特殊联结过程，我们将对那些可能具有美的特质的不同客体进行深入考证。我们的论述先从人的容貌入手。在有关容貌处理的心理学和神经学方面，科学家已经积累了相当多的知识。人体同样可以呈现出美。我们在考察容貌之美中归纳出的诸多基本原理亦可应用于对人体美的考察。之后，我们将转向自然景观。自然景观与人的容貌和身体显然是不同的。我们在看到帅哥美女时产生的审美体验，难道在某些方面与身处美轮美奂的自然环境中获得的那种体验有相似之处？今天，当我们对这些客体进行考察时，就美学而言，我们又可以从中学到点什么呢？几百年来，这一切令无数艺术家如痴如醉。

容貌、身体和自然景观，所有这一切都能激发人的美感。那些优美的曲线、柔和的光线，或丰富多变的色彩，令我们如痴如醉，尽情享受种种不可言说的美感。然而，假如我们邂逅那种不能产生明显感觉的美（例如某种抽象意念的美）时，我们又将如何呢？要探究这种纯粹型的美，让我们再将目光投向数学。毫无疑问，假如数学亦有美感，它的美可能完全不同于性感人体所呈现的美。由此，我们还应该将目光投向如下问题：文化是如何对人的美的观念和审美体验产生影响的？

这个称之为美的事物一方面威力无比，另一方面又没有什么实用价值，对美的审视，我们暂且留到后面论述快乐及艺术时再进行。对许多人来说，美是艺术的一个核心要素。那么，美与快乐到底是一种什么关系呢？美与艺术又有什么联系呢？在回答这几个问题之前，让我们先看看，在对人、不同景物和各种验证中呈现出来的美进行探索时，我们能够发现些什么。

第 2 章

令人着迷的面容

《蒙娜丽莎》堪称世界上最著名的画作。对观者来说，画中人物蒙娜丽莎的容貌之美摄人心魄，成为人们无止境议论的话题。她的面容神秘莫测，她似乎想诉说什么，但却欲言又止，令人不得而知。不过，蒙娜丽莎的容貌是一个更具普遍真实性的显著案例，说明人的容貌具有摄人心魄的魅力。如果说如花似玉，容貌则是最令人着迷的部分。2010 年在美国进行的一次关于美女颜值的民调中，奥黛丽·赫本（Audrey Hepburm）名列第一，被认为是 20 世纪最漂亮的女人。就好莱坞的女明星而言，我个人的品位更倾向于英格丽·褒曼（但她却没能进入前 10 名）或格蕾丝·凯莉（Grace Kelly）（排名第 5 名）。至于谁是 20 世纪最帅气的男人，不同的网站围绕着凯利·格兰特（Cary Grant）和保罗·纽曼（Paul Newman）争论不休。难道说好莱坞就是一部造星机器，是它操控着我们，让我们相信这些电影明星的脸蛋是世界上最漂亮的，而我们不过是受这台机器操控的人质而已？

如果来自媒体的各种操纵，或者其他各种文化的忽悠并在给我们洗脑，使我们接受有时难以接受的美的评判标准，那么，我们该怎样做出自己的判断呢？人们对美的反应能与那些由媒体和我们的文化（更多的是普遍用同一个模子塑造人们对美的趣味的做法）一刀两断吗？两项研究计划将有助于回应上述问题：其一是观察人，尤其是那些来自不同文化背景的人，看其是否拥有共同的审美观；其二是观察那些尚未获得由文化塑造的意识的婴儿，看其对美的反应是否与成人一致。

这两项研究计划的证据表明，在美的评判上，人类对其容貌的偏好在相当程度上是与生俱来的。尽管成年人对美或不美的评判标准深受媒体所推崇的形象的影响，但多项研究结果表明，人对何为美的评判，在根本上仍是脱离于人类的文化积淀而独立存在的。生活在某种文化中的相同族群评判容貌吸引力强弱的尺度十分相似，即便是对其他族群的颜值高低的看法也大同小异。例如，在究竟哪些亚洲、欧洲或非洲血统的女人看起来令人心动方面，男人的看法大同小异。就其本身而言，这一研究结果或许正是人们所预期的，并且与那种"人对容貌之美的印象受到同一文化影响的引导"的看法不谋而合。抛开各同一族群的人们做出的种种评判，跨族群的人们对容貌之美的评判标准亦大同小异。这一观察结论或许同样是共同文化影响的结果，共同文化的影响使得不同的人群超越了种族的差异。然而，一项对跨文化的人们是如何评判容貌美的研究结果显示：与同一文化中的不同族群的人们对容貌美的评判的高关联度相比，那些跨文化的人们对容貌美的评判的关联度，与前者至少不相上下！总而言之，跨族群和跨文化的人们对容貌魅力评判的一致性表明，在人的相貌中存在着某些成年人形成一致看法的共同要素，而这种对美的评判不仅仅是一种文化的产物。正因为如此，文化时尚界常常夸大和刻意利用那些早已深深植根于我们大多数人内心对美的偏好，并屡屡得逞。

关于人对容貌美的认知具有普遍性的观念，既不意味着文化对人对颜值的高低判断没有影响，也不意味着个人自身的阅历对其审美倾向不会产生作用。例如，非洲和南美部落的一些面部饰品对那些西方都市审美口味的人来说，毫无美感可言。越是靠近家乡故土，人们对发型和脸部饰物，如眼镜、耳环鼻环饰物，以及化妆品的偏爱的个性化差异就可能越大。

有时，即使审美差异在不同的文化之间有所差异，其原因也很可能是笼统的。在一项研究中，人们向巴拉圭土著阿切人（Ache）①、委内瑞拉土著希威人（Hiwi），以及美国人和俄国人都展示了一些巴西人、美国人和阿切部落人的脸部。在做这项测试之前，这些土著部落的人与外部世界尚未有过接触，处于与世隔绝的状态。结果显示：接受测试的每一个人所偏爱的女性脸庞都生有一对大眼睛和优雅的下巴。在后文中我们还会看到，这两个相貌特征与青春活力密切相关。除了这些共同点外，在对美貌的其他特征的看法上，阿切人和希威人对美国人和俄罗斯人的看法并不十分认同。有人也许会据此推测，一定是文化对人的审美判断产生了影响，这也是其判断出现差异的原因所在。然而，阿切人和希威人之间也处于相互隔离状态，尽管毫无接触，但他们对美的判断却是出奇地一致。阿切人和希威人五官的总体相貌大体相同。对上述发现的一种解释是，在本案例中，彻底揭示外貌特征在于发现环境因素是如何导致人们在审美判断上出现差

---

① 阿切人属美洲印第安人。巴拉圭土著阿切人曾是人类学家的研究对象。阿尔弗雷多·斯特罗斯纳（Alfredo Stroessner）1954 年政变上台成为巴拉圭总统后，于 1968 年至 1972 年对该民族实施了种族灭绝，目前该民族人口也只有几千人。——译者注

异的。阿切人与希威人之所以看法一致，是因为他们对不同种类的相貌有着类似的经验。

再让我们看看婴儿对人脸的反应。婴儿对人脸十分着迷。在出生后一小时内，婴儿就会注意像人脸一样的图像。婴儿在出生的第一周就能够从周围的不同面孔中辨别出哪个是母亲的，并开始模仿自己所看到的面部表情。婴儿经常会目不转睛地盯着这些面孔，并时常发出会心的微笑。婴儿总是将目光投向周围的人脸，这一特征十分明显。然而，婴儿是否更着迷于哪个面孔，我们又该如何得知呢？即便婴儿不会像我们有时候希望的那样用言语表达自己，但其做出的各种反应却相当准确地告诉我们其喜好。

发展心理学家利用注视偏好技术来确定到底是什么吸引着婴儿的注意力。这些心理学家首先在婴儿面前并列摆放两张脸部图像，然后测定婴儿在注视这两张面部图像时各花多长时间。通过准确测定吸引婴儿眼球时间的长短，进而判断哪张面部图像对婴儿更具吸引力。朱迪丝·朗格卢瓦（Judith Langlois）及其同事所做的实验结果显示，出生仅几天的婴儿和三个月大的婴儿盯的时间更长的恰恰是那些成年人认为有魅力的面部图像。这些吸引人目光的容貌不但有男性的、女性的，还有其他婴儿的，甚至不同种族的。婴儿对漂亮脸部的好感也可以通过其他方式得到验证。在一项实验中，研究人员给1岁的婴儿一些洋娃娃，除了面容有漂亮和不漂亮的差异外，其他特征完全相同。结果显示，这些1岁婴儿玩有着漂亮面容的洋娃娃的时间几乎是后者的两倍。这似乎表明，婴儿对迷人面容的反应超越了年龄、种族和性别。重要的是，婴儿的这些反应发生在他们受好莱坞、宝莱坞、雅诗兰黛或《人物》（People）杂志的影响之前。

当我们谈论容貌的魅力时，通常是指性魅力。但是，魅力，或称物体吸引我们注意力的力量，会受到人们观察这些物体时所处情境的影响。认知心理学家赫尔穆特·莱德（Helmut Leder）与其同事一道向学生们展示了维也纳街头各色行人的照片。研究团队为学生们预设了两种场景。在第一种场景中，学生被告知，如果你年轻且单身，则维也纳是个让人流连忘返之地，那里社交活跃，名流云集，很容易找到潜在的伴侣。在第二种场景中，则重点强调维也纳是个大都市，像世界上其他大都市一样，各种犯罪活动猖獗。在社交活跃的场景中，学生们盯着那些具有性感魅力的男男女女面容的时间更长。而在充满危险的大都市的场景中，学生们关注性感女性面容的偏好没有发生变化。然而，那些令人心动的男性的面容不再吸引人们的注意力，因为街头暴力通常与男性联系在一起，而与女性的关联度则较低。在危险都市的场景中，男性更容易被视为潜在的威胁，而非可能的性伴侣。此时，形体美在观察男人的体验中便不再那么重要了。我在此强调的是，我们对面容做出的种种反应受制于我们身处其中的场景。接下来我们将会看到，场景对我们如何感受大部分物体有着重要的影响，重要的是，这种影响还包括我们如何感受快乐和艺术的体验。

总而言之，目前我们所掌握的证据表明，某些容貌被普遍视为是别具魅力的。这个结论并不否认文化和场景因素会影响人对魅力的判断，或者说，个人可能形成截然不同的品位。尽管如此，这些相对的影响通常是建立在人们对魅力有着共同认识的基础上的。关于容貌美具有共同特征的观点提出了三个需予以解答的问题：其一，如果美貌有着共同特征，那么这些特征能否被测量？而可测量性通常是所有科学的生命力所在。其二，如果这些特征具有共性，那么，它们是与生俱来的吗？通俗地说，"与生俱来"这个术语隐含着我们对容貌做出的反应是以同样的方式在我们的大脑中逐步固化下来的。其三，如果这些特征具有共性，为什么人类会进化出足以发现这些魅力的能力？

第 3 章

我们如何鉴定容貌美

我的孩提时代是在印度度过的。我迄今还记得听过下面这个故事。当初，上帝决定造人时按照人的形状捏了几个面团，放到烤炉里。当上帝拉开托盘，看到人形变得又白又夹生时，很不开心，于是将其扔掉，重做了一批新的。不过这次上帝把托盘放在烤箱的时间太久了，烤出来的面团又黑又焦，于是上帝又把这批也扔掉了，再试着做下一批。最后，上帝如愿以偿：烤出来的棕黄色是人类的最佳肤色。这个故事清晰地表明，大多数族群都喜好编造故事，以宣示其自身是独一无二的。最早对美进行测量，尤其是对脸部美测量的种种尝试的结果，均因受到上述偏好的影响而出现失真，尽管其无不宣称自己是"客观"的。

长期以来，欧洲人屡屡尝试对那些容貌令人怦然心动的人体特征进行测定，最终毫无悬念地声称，欧洲白人的容貌是最迷人的。估计完成于公元前 320 年的阿波罗（Apollo）①雕像（现展示在梵蒂冈贝尔维迪宫）便是

---

① 希腊神话中的太阳神，主神宙斯之子。主管光明、青春、医药、畜牧、音乐、诗歌，并代表宙斯宣告神旨。——译者注

一例。该雕像于 1496 年前后在罗马附近被发现。这座雕像被公认为是美的化身。自从它被发现以后的 400 年中就一直是西方世界最著名的雕像。在那期间，何为美，最要紧的就是将当前的面部特征与这座雕像及其他古代美的肖像进行比对，以确定前者是否与后者相匹配。18 世纪荷兰艺术家和解剖学家彼得鲁斯·坎珀（Petrus Camper）测量了不同轮廓的脸部角度。这个角度由从耳朵到嘴唇的连线得出，另一条是从前额到下巴最突出部分的连线，通常是上嘴唇。坎珀发现古希腊雕像轮廓的角度约为 100 度。大部分人的轮廓角度在 70 ~ 90 度之间。借助这些测量数据，坎珀宣称，从容貌上看，不同人种美的程度由低到高依次为：非洲人、东亚人和欧洲白人，欧洲人的面部轮廓最接近古希腊雕像确定的理想标准。

我们所有人在审美上都存在着一种倾向，即将人的外貌特征与其性格联系在一起。瑞士牧师约翰·卡斯珀·拉瓦特尔（Johann Casper Lavater）在其 1772 年发表的有关人相学的多篇随笔中非常自信地写道，下巴代表着男性的力量。他声称，棱角分明的或往后缩的下巴很少出现在"谨慎、友善和沉稳的男性身上"。他还断言，浓密而干净利落的呈水平状的眉毛"总是传递出善解人意、心情平和，以及城府很深的印象"。或许他还顺理成章地认为，相比其他人种，欧洲人的相貌无人能及。匪夷所思的是，英国皇家舰艇比格尔号（Beagle）的舰长菲茨·罗伊（Fitz Roy）是拉瓦特尔的粉丝。当年正是这艘军舰载着达尔文周游世界，收集他日后所创立的生物进化理论的证据。达尔文在其自传中写道，这位船长觉得，达尔文的鼻子怎么看也不像"精力充沛，对这趟探索之旅信心满满的样子"。当然，正是这个鼻子在此后的五年中，带着达尔文穿越大洋，历经千辛万苦，为其创立生物进化理论带来灵感。

　　面部和其他外表特征可以反映人的个性的观点一直持续到 20 世纪初叶。一位内科医生凯瑟琳·布莱克福德（Katherine Blackford）在外表特征的基础上，推动形成了性格分析的所谓"科学"。她的著作再版多次，力主美国商业界运用这一科学，进而形成了广为人知的所谓"布莱克福德计划"（Blackford Plan）。在谈到人的肤色时，她断言："无论何时何地，正宗的金发碧眼的人总是具备积极、充满活力、精力旺盛、有进取心、飞扬跋扈、急躁、主动、敏捷、充满希望、爱冒险、善变和喜爱多样性的特色；而标准浅黑皮肤的人的特点是消极、缺乏活力、保守、爱模仿、唯命是从、小心谨慎、勤奋、吃苦耐劳、沉闷乏味、行动迟缓、从容不迫、严肃认真、考虑周全和专心致志。"上述事例表明，早年人们依据身体外貌特征阐释美和描绘人的性格特点的种种做法，常常充满偏见，并且是披着科学的外衣进行的。

　　暂且把这些狭隘的偏见放在一边，问题是，容貌的美难道真的是可以测量的吗？对此，有三个参数对容貌是否有吸引力影响极大，不过没有任何其中的一种是某一种族所特有的。第一个参数是均分性；第二个参数是对称性（这两个参数男女都适用）；第三个参数与那些使男人和女人看起来有所区别的特征有关，它被称为性别二态性参数。

　　均分性作为衡量容貌魅力的尺度是在偶然间被发现的。早在凯瑟琳·布莱克福德认定金发碧眼为美之前，弗朗西斯·高尔顿（Francis Galton）已在兴致勃勃地忙着搞清特定的脸部特征是否与人的性格特点相关联。高尔顿是达尔文的表亲，是一位杰出的统计学家、人类学家和探险家。他发明了统计的相关性和指纹识别，并大力推动了优生学的发展。如何在众多罪犯的脸部特征中识别出共同点，这个问题使他产生了浓厚的兴趣。他将那些"被判谋杀、过失杀人和暴力抢劫的罪犯"的多个面部重叠于同一张摄影底片上，希望由此合成的面部能够显示出罪犯的典型的外貌特征。不过，用此办法高尔顿连一个犯罪预谋者也没找到，倒是从中发现，这些合成的脸比每张单独的脸更具吸引力！

高尔顿发现，那些均分的面部特征具有吸引力。现代研究方法证实了这一令人意外的发现。不过我们应当清楚，此处"均分的"面容与平常的脸不是同一回事。前者具有统计学意义上的平均特征，诸如鼻子的厚薄程度或两眼的间距。早期时，对这种均分实验的有效性曾存在疑问。主要的担心是，合成的面容会使每张单独面孔的轮廓变得模糊，使其看起来更显年轻。这些面孔具有时尚摄影师常使用的焦点柔化技术所产生的朦胧效果。不过，最新的计算机技术突破了方法上的局限。很显然，用群体的主要趋向所描绘出的面容比单个面容更有魅力。甚至婴儿盯着这些"均分的"合成脸的时间也比盯着其他脸的更长。

那些人们觉得有魅力的面容的另一个量化参数是对称性。人类学家卡尔·格拉默（Karl Grammer）和生物学家兰迪·桑希尔（Randy Thornhill）通过测量脸部几何中心左右两侧最醒目部位之间的距离，对人脸的对称性进行了测量。他们得出结论：人脸的对称性指数与判断男女脸部是否有吸引力相关联。后续的诸多实验也证实了这些结论。一项有趣的研究试图利用天生看起来十分相似的双胞胎照片来反复验证对称性指标的有效性。不过，双胞胎的面部差别极其细微。即便基因相同，其环境暴露也不尽相同。研究者首先确定双胞胎中的哪一个脸部更对称。他们发现，那些脸部更为对称的双胞胎也被认为更具吸引力。因此，在观察这些在诸多方面极为相似的成对的脸部照片时，脸部是否对称影响到其吸引力。

性别二态性指的是基于性别的身体特征的各种差异。我们在前面已经看到，均分性和对称性在涉及无论是男性还是女性的容貌魅力时，都产生了相似的作用。但是，是什么造成了吸引力的差异呢？性激素、雌性激素和睾酮造就了性别二态性的身体特征，雌性激素造就了女性性特征，睾酮造就了男性性特征。异性恋的男性，不管其文化背景如何，会在女性的魅力中发现各种女性化的特征。

雌性激素的生理作用与我们在婴儿脸上所观察到的情况十分相像。娃娃脸的特点是大眼睛、细眉毛、大前额、圆脸颊、饱满的嘴唇、小鼻子、小下巴。人们恰好喜欢这些可爱的特征。而沃尔特·迪士尼没有忽略这个发现。1928 年，他创造的米老鼠在电影《威利号汽船》（*Steamboat Willie*）中活力四射地登场了，自此它以一种身形修长和轻盈的形象开启了荧屏生涯。1935 年，它的卡通绘制者为其塑造了梨形身材，又给它换上了一对大眼珠，并将鼻子缩短。米老鼠那一副好奇的模样使它看起来更像婴儿，即使经历了 80 多年的漫长岁月，它那大脑袋、大眼睛和四肢短小的形象也从未改变过。

成年男女的面部图片可以进行人工修饰，以使其或多或少看起来像娃娃脸。这类人为操作会影响吸引力吗？男人倾向于寻找那些长相比实际年龄看起来更显年轻的女人，并认为那些长有一副娃娃脸的女人更有魅力。男人喜欢那些长着高额头、大眼睛、小鼻子、嘴唇饱满和有着精致下巴的女人。这些特征，加上高水平的雌性激素的分泌，无不彰显着女人身体中蕴含的生育力。不过，对成年女性中的一个婴儿特征，即胖胖的脸蛋，男人却并不中意。男人青睐高颧骨，认为这是女人成熟的象征。男人似乎更中意那些既年轻又性感，同时又尽显性成熟的女性特征。

在谈及女性特征的均分性时，需要指出一点。均分的脸型虽说非常妩媚，但并没有超出（选美）排行榜的范围。这种脸型虽然经常在选美大赛中胜出，但她们却不是大多数时尚杂志用以装饰封面的那些超级名模的脸型。心理学家戴维·佩雷特（David Perret）的研究成果表明，由最漂亮女人的脸型合成的容貌与由整个群体脸型合成的容貌相比，前者更具吸引力。

那些达到超级名模水平的美女比那些具有均分的面容特征的女人在容貌上更为夸张。与平均水平相比，她们的眼睛更大，下巴更尖，嘴巴与下巴的间距更短。这些夸张的特征将女人的脸型与男人的脸型区分开来。超级名模的脸型通常拥有年轻女孩的典型特征，有时甚至是 10 岁以下女孩的脸型特征！

至于异性恋的女性是如何在男性身上发现魅力的，则显得更为复杂。即便文化不同，若让女性为她们认为有魅力的男性排序，她们不会像男性那样将身体的魅力置于那么重要的位置。女性不会像男性那样容易受到视觉提示的操控。计算神经科学家奥吉·奥格斯（Ogi Ogas）和萨伊·加达姆（Sai Gaddam）在他们的搞笑著作《10 亿邪恶念头》（*A Billion Wicked Thoughts*）中罗列了大量证据来论证这一点。他们声称进行了"世界上最大规模的行为实验，以重新审视人的所有行为中最重要也最私密的一种——性欲"，并使用了该实验获取的数据。他们分析了人们使用互联网搜索的情况，以搞清男性和女性在网上都搜索些什么内容。在涉及虚拟世界里的欲望时，性别的差异却如此惊人地泾渭分明。绝大多数的男性搜寻色情内容。这类色情内容仅仅只是视觉上的原始展现，没有什么情节或情感基础。而女性的搜寻内容则截然相反。绝大多数女性上网看的是虚拟情感网站。这些网站讲述的罗曼蒂克故事通常以一位有着英雄气概的男人为中心。女人的欲望产自多种不同的动机，当然也包括男人的相貌。与男性相比，女性更看重诸如地位、权力、财富，以及保护和抚养（家庭）的能力。如亨利·基辛格（Henry Kissinger）本人的外貌并无过人之处，却时常有年轻的美女伴随左右。他一语道出天机："权力是最好的春药。"

尽管与男性相比，女性在判断男人的魅力上考虑得更为复杂，但其对某些特定的男性特征也做出相同的反应。睾酮的作用使男性的脸型较宽大，下巴较方，脸颊窄，眉毛重。一般来说，女性青睐这类阳刚气十足的相貌，而这种偏好在各种不同的文化中广泛存在，即使在那些与世隔绝之地也是如此！如那些长着宽下巴、身体强健的布须曼 ① 种族的昆桑人，最终拥有的性伴侣要多于其他人。

不过，女人觉得男人的阳刚之气有魅力只是一个方面。如果男性的脸部过于阳刚气，女人反而感觉其有盛气凌人之感。宽下巴的男性给人以专横的印象，这在不同文化的人群中普遍存在，现实或许也八九不离十。那些充满阳刚之气的西点军校学员，与他们那些看起来有点女人气的同学相比，无论是在校期间，还是在日后的职业生涯中，最终通常会吉星高照、

---

① 　亦称布须曼人（bushmen），是非洲四大人种之一，分布在纳米比亚、博茨瓦纳、安哥拉、津巴布韦、南非和坦桑尼亚等国家，截至 2001 年人数总共约 17 万人。——译者注

官运亨通。如果女人希望寻觅一个稳定的伴侣共同抚育后代，那么那种过于专横的男人或许不是适合做长期伴侣的最佳选择，因为他或许不会花很多精力用于处理与伴侣的关系或顾家。如此一来，女性更偏爱多少带点女人味的男人容貌。稍带女人味的男人容貌会降低那种居高临下的感觉，使男人看起来更温柔、情意绵绵，且有可能对双方关系更加专一。在对男人魅力的感觉方面，另一个令人着迷的精妙之处在于，在月经期内，女人的偏好会发生变化。这种偏好的变化被称为"排卵偏移猜想"。这是人类吸引力研究中的一个证据充分的发现。年轻女人判断一个男人是否有魅力，取决于其是想选择一个短期的伴侣还是一个长期的伴侣，差异由此产生。若是选择前者，女人更想要那些看起来男子汉气味十足的男人，女人的这一偏好在即将排卵时变得极为突出，此时最适合受孕。相比之下，那些想选择男性作为长期伴侣的女人的偏好，则在整个月经周期内没有什么变化。我们后文还将详细谈及影响人类魅力偏好的进化方面的原因，届时我们将回过头来探讨女人在偏好短期伴侣中的"排卵偏移猜想"的各种相关性。

下面，仅对那些与容貌美相关的发现做个简单归纳。婴儿、成年人以及那些来自不同文化的人们，对那些相同的测试参数做出的反应大同小异。无论是男人、女人，抑或是婴儿，他们或许都觉得那种均分的和匀称的容貌令人陶醉。那些将男人与女人区分开来的性别特征，亦同样充满魅力，尽管差异是明显的。我们审视他人所处的情境，使得我们在判断其魅力程度时出现差异。正如我们后面将看到的，情境效应会对我们的快感产生强有力的影响。对女人来说，判断一个男人是否有魅力可以是权力和地位。如果女人青睐一个男人的外貌，则情境便可以是她要么是寻找一时的男欢女爱，抑或是找个男人过一辈子。该情境还取决于女人是否临近排卵期，其结果会大不相同。

当我们在想到人的魅力时，我们理所当然地会联想到人的身体。在大多数文化中，展露的面容无时不在，而裸露的身体却难得一见。但是，假如说容貌吸引力的原理能够得到生物学和进化论方面的验证（关于这点，我们将在下文中探讨），我们或许可以指望，类似的原理亦可应用到使得人类的身体显示出魅力的那些参数上。

第4章

人体之美

    肯尼斯·克拉克（Kenneth Clark）在其著作《裸体：完美形体的研究》（*The Nude: A Study in Ideal Form*）中指出，每当某人对他人的身材品头论足时，比如，颈部略短了一点，或脚掌稍大了些，我们脑海中实际上是有一个比较理想的身材概念的。克拉克观察到的这些现象还表明，我们是能够对人体之美进行量化的。事实上，人类在这方面的探索已经有相当长的历史。例如，古希腊医学家盖伦（Galen）早在公元2世纪就提出，如果一个人手臂的长度是其手掌长度的三倍，则比两倍半或三倍半的比例的人看起来更美。欧洲文艺复兴时期，人体肢体、器官比例与审美之间相互关系的重要性问题开始受到重视。通过在意大利所做的研究，德意志画家、数学家阿尔布雷希特·丢勒（Albrecht Dürer）从审美的角度将这种比例关系介绍到了北欧地区。他在1582年撰写的著作《论对称性》（*De Symmetria*）中，描述了完美的人体比例系统。此外，为便于度量，他的这套系统还将人体简化为单一形体，譬如，圆柱体、球体、锥形体、立方体和角锥体（金字塔形）等，这是他在对自己的手进行研究的基础上构建起来的。在这套系统中，他假设中指的长度等于手掌的宽度，而手掌的宽度与前臂构成一定的比例关系。在获得手指与手掌、手与前臂、前臂与整个手臂以及四肢与身高之间的相互比例关系数据后，他建立了一整套人体标准体系。他认为这套体系包含着身体各部位与身高的关系，使人体看上去更具统一性、协调性。尽管对人体美感进行度量的科学探索并未像对容貌审美研究开展得那样广泛，但是关于评价容貌美的某些原则同样适用于体型和身材的审美。例如，匀称性既是衡量男性体型的重要特征，也是女性身材美的关键要素。男女体型上的性别特征如果加以强化也会增加吸引力。正如我在上一章中所指出的，与人脸相比，人身体部位的裸露机会要低得多。但目前我们尚不清楚的是，尽管这些平均值是在观察大量人体样板之后得出的，平均水准的身材是否更具吸引力。由于受当代文化中的一些禁忌所束缚，我们无法观察更多的裸体（相对于人的脸部而言），因此，也许无法获得类似人体脸部美的平均值范本。

除了生活在大城市的人们为自己心爱的宠物狗穿戴各式可爱装饰在大街上溜达以外，研究发现，动物都有展示自己裸露身体部分的倾向，并且十分在意同类的身体。有意义的是，动物们发现十分对称的身材更具有魅力。例如，茸角长得对称的雄性驯鹿与雌性驯鹿在一起时表现得更加出色。在大多数情况下，雌燕总是选择好炫耀并且长着大而对称尾巴的雄燕做伴侣。身材的对称性同样是影响人类审美的重要因素。对女性来说，双脚及脚踝、双手及肘部、腕部和双耳对称而匀称的男性更具吸引力。这并不是说女性盲目迷恋男性身体的这些部位，而是这些部位易于衡量，并且是直接反映身材整体对称性的重要组成。体型匀称的男性寻找异性伴侣时更具优势。这类男性的性经历一般比其他男性早几年，追求某位特别的女性时，他们与其首次发生性关系的时间也会更早些，此外，他们的女性性伴侣的数量是身材不匀称男性的两到三倍，他们性伴侣的床笫感觉甚至会更佳！现实情况表明，通过一名男性身材匀称程度能够预测他的女性伴侣的性高潮，这比通过这名男性的收入、对两人关系的投入，或双方性生活的频率做预测要准确得多。

异性恋的男性同样钟情体态匀称的女性。这种偏好得到实验室的实验和行为观察事实的证据支持。体型匀称的女性比体型较差的女性拥有更多的性伴侣。现实告诉我们，胸部较大且匀称的女性比胸部不匀称的女性的生育能力更强。女性的软组织部位如果生长得匀称，如耳朵、第三、四、五节手指，会增加 30% 的排卵量。

同时，性别特征会增加男性女性的容貌吸引力。性别特征也会影响动物和人类对身体的反应。在动物世界中，雄性动物展示自己的行为往往是夸张的。比如，雄孔雀夸张性地展示羽毛，其他鸟类也有类似的行为。雌性剑鱼偏爱长有长长的剑状组织的雄性剑鱼；雌燕子青睐长着长尾巴的雄性燕子；凸眼蝇科的雌性苍蝇更钟情于眼睑长的雄性苍蝇；处于发情期的雌驯鹿钟情长着一副长长鹿茸的雄鹿。当然，动物体型的大小也很重要。

男女之间的大部分身体差别是睾丸激素和雌激素作用的结果。睾丸激素与其他因素共同决定了人类的体型大小。大部分人都喜欢高个子男人。历届当选的美国总统几乎都是身材高挑的男性参选者。成功企业的 CEO 们很多都是高个子。身高甚至还能决定起薪。身高与社会地位的关系呈现的两种方式体现在以下两个方面：如果两个人身高相差几英寸①，那人们通

---

① 1 英寸 ≈2.54 厘米。——译者注

常会认为身材高的那个人更有权势；而女性会认为高个子男人更有魅力。因此，我们可以比较肯定地下结论：相对于低于平均身高的男性，女性会更钟情于高于平均身高的男性。广告行业也更愿意寻找高个子男性做模特。有十分确切的证据证明，如果女性选择做人工受精，那她在生殖诊所寻找捐献精子源时，通常更愿意选择身材高的男性的精子。

大部分人认为男性的理想身材是 V 形——宽肩、窄臀。无论男女都不喜欢梨形身材的男性，即窄肩、宽胸。男性女性在力量上的主要差别体现在手臂、胸部和肩部。男性睾丸激素是形成肌肉块的重要因素。所以，多年来男性的时尚潮流都是重点强调并夸张肩部的作用，从明示官阶的肩章到华尔街精英正装的肩衬，对于这一切，人们都认为是自然而然、顺理成章的。古罗马勇士穿着胸甲，醒目地展示他们宽阔的胸膛，而当下男人们在胸部植入填充物，在腰部和胸部抽脂。男模是男性身材的黄金标准，他们身高超过 6 英尺，胸围 40 ~ 42 英寸，腰围 30 ~ 32 英寸。在男性健美运动者的眼中，这些比例被严重夸大了，其胸围几乎是腰围的两倍。

女性的脂肪分布与男性不同。雌性激素使脂肪主要分布在胸部、臀部和大腿。女性的这些部位使男人着迷。在我所在的实验室，当我们设计容貌吸引力的实验时，会首先访问一个叫"热辣不"（Hot or Not）的网站，寻找网上图片能否用于实验。这样做主要基于一个想法，即我们可以有效选择容貌吸引力不同的人的图片，因为这些图片可能已经数百人打过分。在网页上搜索了几分钟后，我们立刻发现这个办法对女性容貌妩媚度的研究不起作用。虽然没有做统计分析，但我们明显感到如果女性图片展现了胸部和乳沟，这对男性的打分结果影响较大。由于这类图片中所呈现的乳房会使男性严重分心，因此不能被单纯地用于研究容貌审美。男性钟情丰满的女性胸部，但也喜欢它的坚挺和上翘。这是未曾生育过的年轻女性的乳房形状，但同时也是身体具备生育能力的外在标志。

毋庸置疑，不同的文化背景会影响男性对女性身体的反应。不过，文化的效应会与其他多种因素相互作用。在某些民族的文化中，男性青睐偏丰满的女性；而在另一些文化中，男性则更偏爱苗条女性。但在所有的文化背景下，过于肥胖和身材超瘦都会不受待见。此类文化审美偏好与食物和其他资源的可得性有关。在绝大多数发达国家，由于食物来源可靠且充裕，身材苗条的女性意味着较高的社会和经济地位，有道是"富强国偏爱苗条女"。在食物匮乏的贫穷国家情况则截然相反。这种现象被称为"环境安全假设"。这个设想的基础是，如果食物匮乏，肥胖女性代表她有足够的储备能量抚育子女。关于吸引力"环境安全假设"的支持性证据在某些惊人的事例中得到了展现。从 1960—2000 年的《花花公子》(*Playboy*)杂志的花花玩伴年度人物 (Playboy Playmate of the Year) 的身材特征成为代表当时美国经济状况的晴雨表。经济低迷时，当选的花花玩伴年度人物年龄偏大，身材偏高且偏丰满，腰围也更宽，眼睛偏小，腰围与臀部比例更大，胸部与腰围比例更小，体重指数更大。与此相似，在 1932—1995 年期间，具备更加成熟特征的美国女电影演员，即小眼睛、窄脸颊、大下巴，在艰难岁月更受热捧；而那些长着婴儿脸特征的演员，也就是大眼睛、圆脸颊和精巧下巴，在丰裕时光大受欢迎。当日子开始变得艰难，"大"就会走进多情男子的视野。

尽管鉴于社会和文化渊源会看重女性的体重和社会地位，但有一个要

素自始至终未曾改变，即男性普遍偏爱沙漏体型的女性。这种体型的特点
是：细腰、大胸和青春期开始发育的臀部。这表明男性在意其身体能展示
生育能力的女性。男性腰与臀部比例一般在 0.85 ~ 0.95，而大部分生育能
力强的女性的此类比例为 0.67 ~ 0.8。事实上，腰臀比低于 0.8 的女性数
量大约是生育过孩子的腰臀比高于 0.8 的女性的两倍。最近，生理学家德
旺德拉·辛格（Devandra Singh）发现，即使文化背景不同，男性还是会
普遍青睐腰臀比在 0.7 左右的女性。超级女性名模的数据大约就是 0.7。不
同文化背景下无论是青睐苗条还是丰满，对女性腰臀比为 0.7 的偏爱却始
终是不争的事实。在美国，虽然奥黛丽·赫本和玛丽莲·梦露的体型差别
较大，但两人都被认为是美的化身，是公认的偶像。两人的共同之处是腰
臀比均为 0.7。

　　根据前面的讨论，我们发现容貌和身体均会使人着迷，但我们该如何
判定一人比另一人更吸睛呢？一般说来，人们喜欢脸胜于喜欢身体。不
过，男性究竟看脸还是看身材取决于他们与女性是逢场作戏还是认真相
处。在一项实验室研究中，研究人员给年轻男性展示了一些女性图像，开
始时将其脸部和身体遮住。实验时请被试选择一位伴侣，允许他们观察脸
或身体，但不能两者都看。若是身处逢场作戏的场景中，他们更看重女性
的身形而不是脸；如果希冀认真发展长期关系，那被试会更看重女性的脸
而不是身体。这个激动人心的洞察性结果说明女性的潜在生育能力与实际
生育力之间并不能画等号。例如，排除意外怀孕情形，正常怀孕中的女性
都很有魅力，期望生个宝宝。但女人怀孕并不代表其生育力强，腰臀比偏
低的女性才会有较强的生育能力。因此，体型特征比脸蛋更能标示生育力
的强弱，而正是强生育力的信号催生了男性"今朝有酒今朝醉"的欲望。

男性身体特征却并没有展示这类信息。在这项研究中，女性对男性无论是逢场作戏还是倾心相待，她们对对方脸型或体型的关注并无差别。

现在，让我们来讨论一下身体的动态对审美的作用。让我们回到1872年，达尔文发现可以揣度他人行为的动态线索。人们的移动轨迹会为我们提供许多有用的信息。神经学家受到专门训练，以观察人们的行走方式，因为人类的步态能够快速准确地反映出人的神经系统的健康状况。我们将在下一章看到，在大脑结构中，有特定区域专门从事感知人类运动。我们能在没有任何其他信息（如形态、颜色或轮廓）的情况下识别人的运动状态。如果以拍摄电影的方式记录一个人在黑暗状态下行走，同时用间断式光源点照亮，找出10个或12个身体照明节点，把这些点合成为科学家所称的"点光源步行者"，这样人们就可以很快识别出这些光点是正在行走的人。正是根据这些移动点，我们可以确定此人的性别、年龄，以及其情绪是焦虑还是放松，开心还是沮丧。达尔文认为舞动只是一种求偶仪式，用以展示舞动者的特质。鸟类和昆虫会进行飞舞和舞动。雌性果蝇根据飞舞的完美与否来挑选雄性果蝇。许多雄蜘蛛也是通过优雅的舞姿吸引雌蜘蛛的。在漏斗网蜘蛛群中，雄蜘蛛会快速摇晃腹部，这是吸引雌蜘蛛最成功的方法。不过，我们并不需要成为天才，乘坐游轮，大费周章地航行到遥远的大陆才能观察异域动物或昆虫，才能鉴别出舞蹈是求偶的方式，因为任何当地的夜总会频繁地上演这样的场景。甚至在进入舞池之前，如果某位女士钟情于一位男性，她就会频繁地缓慢挪动，步幅非常小，男人就会被这种挑逗性的动作所俘获，拜倒在其石榴裙下。

动态的身形会强化在静态已被认可的身体吸睛参数。身体处于活动状态的确可以展现匀称身材的有效利用。身材匀称的中长跑运动员的速度快于身材不理想的选手。女性的腰臀比指标会由于其左右摇摆、婀娜多姿的步态而得到进一步的外在强化。女性认为匀称体型的点光源步行者更具魅力。但当她们寻找临时感情寄托对象时，会认为男人味十足的点光源步行者最有吸引力。这种对活动式点光源男性特征的偏好会在女性处于排卵期时得到进一步加强。事实上，正处于排卵周期的女性在受异性邀请跳舞时欣然接受的概率更大。

事实证明男性的手指也被女舞伴认为与其魅力相关联，这确实很怪诞。无名指与食指长度的比例受到早在胎儿期睾丸素分泌的影响，睾丸素分泌得越多，无名指与食指相比就越长。无名指与食指长度比大的男性会更健壮，他们擅长滑雪、踢足球和短跑。很显然，他们的舞姿也比该比例小的男性更优美。在一项研究中，研究人员向女性展示长短两种无名指食指长度比的男性舞蹈视频。依据这些视频，女性认为更性感、抢眼和更具阳刚气的男性都具备无名指食指长度比较大的特点。因此，研究结论告诉我们评价身体美感的参数与评价容貌美的指标相差无几。人们偏爱身材，喜爱脸蛋，都是出于匀称性的考量。同样，我们体验身体，钟情颜值高的脸，都会加强性别特征在鉴别美上的作用。男性会注意有关女性生育能力的信息，女性也关心男性气概的特征，我们以后会看到，这类信息会代表着男性所携带的基因的特质。我们不清楚均值身材是否具有美感。在某些文化场合，如健美比赛、时装展示和舞蹈场景都会强化人们公认的同类审美因素。最后，人与人相遇的场景因素也非常重要。对待异性是短暂的逢场作戏还是严肃认真的长期相处，以及女性是否处在经期都会影响对身材审美的判断。

在接下来的第 5、第 6 章中，我们将探寻大脑的奥秘。首先，我们一起看看大脑的工作方式。这似乎会让人觉得审美的探秘之旅纯属多此一举，但对人们了解大脑的基本构造是十分必要的，后文内容将会证明这一点。随着讨论的深入，我会在下面的章节整合神经科学的内容。

第 5 章

大脑是如何工作的

大脑是一个令人着迷的器官。就像一部机器，它的运行功率大概为 25 瓦，然而，它能做我们能做的任何难以置信之事。要是没有大脑，任何思想、幻想还是主意都不复存在。大脑拥有 1000 亿个神经细胞，由 100 万亿个节点将这些细胞连接起来。毫无疑问，这是人体最复杂的器官。现实中，我们怎么理解某些相当复杂的事情呢？答案就是要多学习有关大脑的知识。自 19 世纪末期以来，人们从脑损伤的病例中积累了大量的大脑知识，后来又通过电子技术手段记录大脑细胞，近年来又利用新方法获取大脑图像，使人类对大脑的了解又有了新的进展。

大脑凭借与其本身的解剖学相关联的逻辑工作。了解大脑的解剖学知识和大脑内机体的连接方式会使我们更深入地理解其运行机理。从我们的角度看，大脑的结构和功能为研究审美现象打开了一扇窗户。

我们先来学习一些大脑的基本术语。大脑表面叫作大脑皮层，它由沟回（被称为回间沟）和脊构成，又被称为脑回。而大脑皮层的主要构成是脑叶。脑叶由枕叶、顶叶、颞叶和额叶组成。主要的脑沟将大脑的不同部位分割开来。脑半球间的缝隙把大脑分为左右两个半球，外侧裂把颞叶和顶叶分开。在大脑深层部位，神经细胞簇构成皮层下结构。大脑基底核（又称基底神经节）就是这类细胞簇，对我们的讨论十分重要。小脑是一个独立的区域，并作为大脑发育最早的部分，位于大脑枕叶皮层的后下方。

形成大脑概念需要建立两个重要的基本观点。一是大脑具备模块化结构。表明大脑的不同部位专司不同的功能。我们可以想象这种结构类似汽车生产线，受到专业训练的每组工人将眼前传送带上的零部件进行加工，或称之为"处理"，之后零件传至下一道工序。二是大脑用并行和分布式两种方式处理信息。此时就不能用生产线来比喻大脑，因为大脑工厂的远端部位以一种协同的方式开展工作。这意味着组成大脑模块的不同功能区作为整个网络的一部分相互协调运转，从而产生了人类大部分的想法、感受和经历。所以，为了探寻这个复杂器官在日落时我们长时间漫步海滨所感受到的朦胧美感中所起到的作用，我们需要了解它的模块化结构和并行分布式的处理过程。

在最基础的层面，大脑有许多输入输出系统，大脑无论接受哪类信息，这套系统都会对信息进行加工，之后再表达出来。人类通过感知将从外部世界得到的信息传递到大脑。这类感知，如看、听、触、尝和闻，向大脑不同部位传送信息。即使眼睛长在头部的上方，视觉信息也会到达大脑后部，进入枕叶。大脑后部的不同部位被充分调动起来参与到视觉功能的不同部位的运行处理，如颜色、形状和对比。之后，更多的复杂物体，例如脸、身体和景观，混合输入这些部位，每一种情形都对应大脑的不同功能区。这些分工明确的区域是大脑模块化结构的经典例证。神经学中最突出的一个临床综合征就是人面失认（prosopagnosia）。这类由于大脑模块化结构失能而导致的功能失调，其原因就是损伤了患者的面部识别区。他们能够阅读书籍、识别物体、确认环境，但是无法识别人脸，甚至家庭成员和亲朋好友也认不出来。

情感对通过感官感知的信息处理起到重要作用。天气晴朗，阳光高照，小鸟在吱吱叫，此时我们会身心愉悦；而看到黑云压顶，鸽子随地便溺，我们的心情就会郁闷。情感会渲染甚至扭曲我们的所见所闻。大脑的情感功能部位位于大脑皮层之下很深的区域，被称为脑边缘区。这个区域负责我们的喜怒哀乐，与自主神经系统紧密相连。之所以说它自主是因为它是幕后英雄，工作从来不知疲倦，甚至大脑在嗡嗡鸣响，它也不管不顾，仍旧辛勤付出，运转不止。自主神经系统控制人的心跳、血压和出汗，在情感体验中将大脑与身体联系在一起。这就可以解释人在兴奋时瞳孔会放大、紧张时掌心会出汗、暴怒时血压会升高这类常见现象。

意义是另一个深刻影响我们所见所闻的重要系统。如果我们看不懂某一语言的手稿，这其中的原因不言自明。例如，我可以欣赏阿拉伯语的书法之美，而对其含义不知所云。可是，如果我能够读懂用阿拉伯语所写的《一千零一夜》（*A Thousand and One Nights*）的山鲁佐德（Scheherazade）[①]，我的视觉体验就会发生翻天覆地的变化。这类阅读体验非常令人着迷，当我们专注于书中字里行间的变化时，我们的体验也会随着某些情节的跌

---

① 山鲁佐德是《一千零一夜》中苏丹新娘的名字，她因夜复一夜给苏丹讲述有趣的故事而免于一死。——译者注

宕起伏而不断变化。知识会让我们正在看的内容对我们的视觉体验产生巨大影响。意义系统基本是在大脑侧面和颞叶中有序运转着，这部分也是人类常识和我们对外部世界事实认知的储藏库。除了常识，我们也会了解某些个人的历史细节。例如，人们熟知山鲁佐德的故事是一个经典的爱情故事，但它与我少年时在印度的学校里初次听说的版本截然不同。个人记忆是由颞叶的另一部分负责组织运转的，它深藏在紧靠大脑控制情感的部位。

最后，我们来讨论大脑的两个大的部分，即额叶和顶叶。人类的这种大脑结构的容量比其灵长类近亲的大脑的相应部位要大得多。这些大脑组织协同运转，其中顶叶是决定我们的注意力的重要部位，额叶则在我们的执行功能中起着重要作用。这类功能之所以如此命名是因为大脑额叶相当于公司的管理层，它指挥大脑的其他部位的运行，并谋划另一些也许不参与感知功能的部位的活动。

接下来，我会更详细地重复这个信息。这部分会包括大脑组成部位的冗长复杂术语。对医学和神经科学专业的研究生来说，记住这些名词总是让人劳神厌烦。然而，我如果仅仅在书名标上"大脑"，而不介绍大脑的专业知识则会显得浅薄甚至愚蠢。许多神经解剖学的术语在我介绍神经科学实验时会再次出现。

视觉系统的处理加工工作始于眼睛的视网膜。在视网膜里，不同种类的神经细胞分工明确，各司其职。视杆细胞处理亮度，视锥细胞处理色彩。所谓"情人眼里出西施"，实际上指的是"西施"是在"情人"的大脑里。所以，大脑的枕叶首先开始工作。视觉信息在枕部的不同区域分门别类，之后由相邻的颞叶接手下一道工序。比方说，物体的形状、运动状态或色彩则会在各异的区域里处理加工。如此一来，外部世界的视觉信息会被分割成无数信息碎片，这就有可能出现信息无法复原的问题。也就是说，大脑如何才能把这些碎片化信息天衣无缝地还原成我们的真实视觉体验呢？纵有千军万马对此也束手无策，而我们大脑却恰恰精于此道。因此，许多神经科学家对研究这个问题倾注了大量心血，但很显然，这是一个包含着并行处理方式的过程。现在，我们关注大脑视觉区域的不同部位的运作机理。大脑有一个区域专门处理面部信息，即纺锤状面部区域；另一个区域处理位置信息，即海马位置区域，包括天然和人为的环境；在海马旁回（PPA）的侧邻，位于枕叶边缘的区域通常处理目标物体的侧枕复合体；紧邻它的是专门处理人类身体形态的区域，即枕叶皮层区的外纹状体区；在大脑所有上述部位的邻近部位，还有一个区域专注于视觉上的运动情景的，即 MT/MST 区（自颞部中区位到颞部中高区位）；还有一个部位，即 MT/MST 区的外侧较高处，负责加工运动物体或生物活动信息，也就是颞上沟。因此，大脑拥有视觉皮层，它所附有的不同模块专门处理位置、面部、身体和其他物体信息。由此说来，大部分的视觉艺术是风景、肖像、裸体，还有生命，这难道是巧合吗？另外，正如上文所介绍的，大脑拥有专司生物运动的部位，那么舞蹈作为众多艺术形式之一，如此风行于世难道也是巧合吗？

之前我已指出，处理情感的大脑边缘系统深藏于大脑底部。这部分并不能简单地称为处理"面部"或"位置"的区域。谈及审美，我们应当了解下面所述的主要结构。杏仁体作为大脑的重要部分，专门处理诸如恐惧和焦虑之类的情感分工。它使我们的记忆因加入了感情因素而丰富多彩。

例如，回忆起"紧张"，会让我们感到走进了校长办公室。皮层下神经簇组成了大脑基底核，它具有两大功能。一个是与小脑和皮层运动区共同协调运动。大脑基底核如果受损、失调，则会导致帕金森病。患者罹患此病，行动僵硬迟缓，甚至还可能会患亨廷顿氏舞蹈病，该病会让患者无法控制其动作。大脑基底核的另外一个功能与我们的讨论关系紧密。它构成了我们的快乐和回报的体验。大脑基底核的重要组成部分是腹侧纹状体，也是腹侧纹状体的主要的次组成部分伏隔核中的一种。这些结构被冲浸在处理快乐的具有代表性的化学成分中，如多巴胺、阿片类物质和大麻素的神经递质。吸食可卡因、海洛因和大麻的瘾君子"嗨"的感觉，就是这些神经递质神经末梢受到冲刷的结果。

眶额叶皮层位于大脑前部的薄弱部位。该区域所指的"眶"是由于它恰好位于颅骨内眼球上方。这类皮层结构也与我们奖励体验有关。我们讨论的其他大脑相关部位是脑岛和前扣带回。脑岛掌管着与下丘脑的联系，这几个部分共同负责荷尔蒙和植物性神经系统。前扣带回负责其他功能，如减缓疼痛感、分类处理我们所面临的冲突。我将在讨论快乐时详细介绍这些结构。

意义通常与语言相连，大部分人类的左半脑处理这个功能。外侧裂周边区域负责语言系统。德国著名神经学家卡尔·韦尼克（Carl Wernicke）在 1874 年首次发表研究报告指出，外侧裂后部受到损伤的患者听不懂人们说的任何事情，而外侧裂是颞叶与顶叶交汇之处。为纪念他的发现，这个区域现在被命名为韦尼克区。该区域受损后的患者会患上失语症，无法理解语汇。

　　颞叶的部分部位是意义的重要存储处。我们对外部世界的所视、所闻和所感的所有感觉信息片段都以漏斗状形式流入颞叶的各个侧面，并经过加工整合形成了人类关于世界的知识。在语义性痴呆这类退行性神经性错乱的疾病中，左侧颞叶的神经元失去作用，因此，这类患者无法理解任何意义，他们逐渐丧失了关于物体的知识。

　　卷褶在颞叶内部的一个小区域被称为海马体，它决定着与时间相关的意义。或许全部神经学发展历史上最著名的单个事件就是名叫亨利·古斯塔夫·莫雷森（Henry Gustav Molaison）的男子，在医学文献中被称为"HM"。在 20 世纪 50 年代，HM 为了治疗癫痫，摘除了两个海马体。手术后，他竟然连一件事也记不住了，但他反而变得异常聪明。对 HM 的研究使我们加深了对大脑处理普遍化和个性化意义方式的理解。

　　我在前面已指出，人类大脑的顶叶和额叶比人类近亲灵长类的大。人们已知顶骨大脑皮层处理关于空间的思维方式。就像聚光灯将注意力的光柱照亮外部世界的不同部位，这有助于引导我们直达要认知的事情，并在不同的空间移动。大脑的大部分区域被额叶所环绕。它处理大脑其他部位输入的信息，使我们能够随时准备采取行动。额叶与情感中心共同形成人类对个性的判断能力。现实中有人神经质，或性格外向，或慵懒闲散，这些不同的性格差异被输入额叶的相关处理系统和与大脑边缘系统相连的部位。通常，额叶分为三个主要区域：背外侧（在侧面）、中侧（位于中间部位）和腹侧（位于腹侧下）。背外侧前额叶皮层是处理指挥功能的所在地，包括决策和下一步的计划安排。中侧额叶皮层则更多地直接协同运动神经系统，也包括对自我的认知。如果这个区域受到损伤，会导致明显的临床综合征，即无动性缄默症，得此病的患者看起来清醒，但对外部世界毫无反应。腹侧额叶皮层直接管理人的行为，其中一部分与奖励系统相连。此处，眶额叶皮层最为重要。以后我们将会看到，眶额叶皮层（又称眼窝前额皮层）的部分部位紧邻大脑中线，对奖励系统起到关键作用，深隐在眶额叶皮层边缘的部位则对欢愉感影响重大。无须赘述，人人都愿意尽享欢愉。

需要说明的是，我们所讨论的上述内容是为下一章内容做铺垫的，这是人们视觉审美的科学基础。相关信息自眼睛输入大脑枕叶，在枕叶的不同部位进行处理，并与大脑边缘系统的情感功能相互作用。当人们乐见某物时，大脑边缘系统的快乐或奖励中心便开始工作；当人们思考所见之物的含义时，颞叶则会大显身手；要是人们开启具体审美时的个人记忆和经历，额叶的内部组织就当仁不让了；美妙的事物令我们着迷，吸引我们的注意力，还会对此做出种种反应，此时，顶叶和额叶就被激活，开始发挥重要作用。

第 6 章

审美大脑

马科斯·纳达尔（Marcos Nadal）邀请我们参加一个关于神经美学的讨论会，于是我们来到了西班牙的帕尔马。一次，我与马科斯、奥辛·瓦塔尼安（Oshin Vartanian）及其妻子亚历山德拉·欧（Alexandra O）等好友共进晚餐。奥辛是一位认知神经科学家，专注于人脑在推理、决策、创造力等方面的基础研究，就职于加拿大国防部，兼任《艺术的实证研究》（*Empirical Studies of the Arts*）的编辑。期间，我们讨论起了科幻小说，不知不觉就谈到了《外星人》（*Alien*）系列电影。我说，我觉得电影中的西戈尼·韦弗（Sigourney Weaver）特别有魅力，而比我年轻几岁的奥辛则对电影中维诺娜·赖德（Wynona Ryder）更加情有独钟。当他讲话时，眼睛直愣愣地盯着赖德，他妻子亚历山德拉见状便瞪了他一眼，并指出，赖德是一名商店扒手。但在奥辛看来，这一点无关紧要，因为"她是赖德"，她并非真的想做那样的事情。看来，即使这样一位就职于国防部的神经科学家、人类推理方面的专家，也不愿意承认维诺娜·赖德应该因为她的不光彩行为而受到谴责。当然，在某种程度上，奥辛的观点也只是戏谑之言，但事实上，与他持相同观点、认为一俊遮百丑的人绝不在少数。

　　在柏拉图看来，真、善、美是三种终极价值。但这几种价值很容易被混为一谈，认为美即是善、即是真。与奥辛一样，我们大部分人认为人只要外表漂亮，就会同时具备所有的个人优点，而不管这些优点与漂亮多么地不沾边。长相可爱的孩子被认为更加聪明、更加诚实、更讨人喜欢，是天生的领导者。在一项研究中，研究者分析了老师填写的一些五年级学生的成绩报告单，内容包括成绩评定、学习态度、出勤情况，并配有学生的照片。他们发现，老师总是认为外表靓丽的孩子能够更聪明、更具社交能力、更受欢迎。除非有标准化的考评标准，否则教师通常会给予这样的孩子更好的评级。对成年人而言，与相貌平平的人相比，那些俊男靓女会被认为更具竞争力、更具领导素质，更强大、更敏锐，更适合做政治家、教授、顾问等。他们更容易找到工作，挣得也更多。当这样的人做出偷窃行为时，即使证据确凿，也不一定会被举报，万一被抓住，所受惩罚也会避重就轻。对此，奥辛肯定会不以为然。人们更喜欢与貌美的人合作或帮助他们，这样的倾向在特意设计的实验中的表现明显。当漂亮女性在电话亭（在这种古董还存在的时代）遗失钱物时，捡到的人更愿意将其物归原主，而相貌平平的女性就很难有机会享受这样的待遇。在另一项研究中，研究者将一些入学申请表遗留在飞机场，附加信息暗示申请表由申请者的父亲寄出，但却被意外地丢在了机场。不同的申请表之间除了申请者的照片不同之外，其他内容都一模一样。结果发现，如果表上有一张漂亮的照片，人们会更愿意将申请表寄回。

　　通常情况下，我们并没有意识到漂亮会像一轮神圣的光环那样影响着我们的思维。难道说，即使在我们没有意识到的情况下，我们的大脑也能够感知到这种漂亮的魅力吗？为回答这一问题，我和乔弗里·阿吉雷（Geoffrey Aguirre）、萨布里纳·史密斯（Sabrina Smith）、艾米·托马斯（Amy Thomas）一起开展了一项研究，我们使用了功能性磁共振成像（functional magnetic resonance imaging，fMRI）技术，从而让我们能够在被试的大脑处于某种特定状态时，看到大脑的血流情况发生的改变。血流的改变是神经活动改变的反应，通过特别的设计，科学家可以确定当被试面临不同任务时，是大脑的哪一部分处于活跃状态。我们让被试每次观看两张不同相貌的照片，以观察其大脑对美丽相貌的反应。这些照片是由电脑程序制作的，不同的照片在相互间的相似程度及美貌程度方面进行了调整。在一轮实验中让被试判定不同照片的相似程度，而在另一轮实验中则让被试评判照片的美貌程度。这样设计的实验，让我们可以在被试并不关注美貌的情况下，探索他们的大脑对美丽相貌的反应。

我们发现了什么呢？当人们想到美的时候，大脑的特定区域会对更具魅力的相貌做出反应，这些区域包括面部和周围的侧枕叶皮层，后者通常负责相关信息的处理。怀疑者可能会问，如果大脑整个的视觉皮层都处于活动状态，这能说明什么问题呢？事实上，在我们的实验中，并非大脑视皮层的所有部分都会对面部的美做出反应。即使面对非常漂亮的面孔，大脑的这个区域也并没有发生变化，这意味着，我们所看到的反应并非视皮层的普遍反应，而仅仅是限定在某些特定区域的反应。其他一些研究者也发现了这部分视觉区域对美丽容貌的类似反应。我们还发现，当人们评判美貌时，除了这些视觉区域之外，在大脑顶部、中部、侧前和前部区域也出现了更强烈的活动。我们认为，之所以在这些区域有反应，是因为人们首先要对相貌有所关注，然后才能做出美貌与否的评判。出于技术的原因，我们的扫描未能反映出对奖励起重要作用的区域的神经活动情况。但是，其他研究者却发现，眶额叶和部分大脑基底核（即伏隔核）等区域同样对美貌有所反应。杏仁体对相貌的反应比较复杂，它不仅对美貌有反应，对丑陋也有反应。稍后在我们讨论奖励系统时，将会探讨为什么杏仁体对我们的极端厌恶或极端喜欢均会做出反应。

当人们观看这些照片，但却并不关注相貌是否美丽时，又会发生什么情况呢？研究结果发现，即使被试的任务是判断相貌的相似程度，与美貌与否毫无关系，大脑仍会自动对美貌做出反应。与相貌平平的照片相比，美丽的相貌会引发大脑视皮层对面部和枕叶皮质（不包括海马旁回）更加明显的反应，血流量改变。金（Kim）和他的同事也对大脑是否会自动对美貌做出反应这一问题感兴趣，他们的实验聚焦于大脑奖励回路系统的反应。他们让被试判定两幅面部照片中的哪一个更美，哪一个更圆。与我们一样，他们的策略也是观察当人们关注其他属性（例如形状）时，大脑是否还会对美貌做出反应。结果发现，即使被试正在思考的是面部的圆润程度，在奖励回路的某些部分，特别是眶额叶和基底核仍然对美貌有所反应。总而言之，这些结果表明，我们的大脑天生就会对美貌有所反应。事实上，即使我们正全神贯注于其他事情，我们的大脑仍可能不停地对周围的美丽事物做出反应，或许我们还能从其中获得些许快感。这不由地使我在想，虽然我们的周围不可能时刻都被美丽的人所环绕，那么能否通过被美丽的事物所环绕而生活得更加快乐呢？

在第 4 章中，我们已经了解到：优美的身材和优雅的动作会引起人的反应，然而关于大脑对形体美所做出的反应，我们又了解多少呢？不幸的是，我们所知甚少。除了心理学家所做的为什么身形会给予人美的感觉的研究（第 4 章进行了讨论），我还真不知道是否有任何神经科学家做过研究，以探讨当我们观察人的形体美时，我们的大脑是如何反应的。基于对美丽相貌的研究，我猜测，越是优美的形体，所引发的枕叶皮层区的外纹状体以及相邻区域的反应将会越明显。因此，当人们在意识中想象人体之美时，顶叶和额叶区以及扣带皮层将会被激活。优美的体形也会使情绪与奖励区域，例如杏仁体、基底核和眶额叶皮层产生兴奋。至于人们在面对优美体形时是否会像面对美丽容貌时那样做出不自觉的反应，我很难猜测。或许，奖励系统的枕叶皮层区的外纹状体部分仍然会做出反应，但顶叶和额叶则不会。

在各种杂志、海报、连环漫画中，无不充斥着美体的画面，但我们更多看到的是运动中的身体。我们的大脑对运动中的美丽（例如舞蹈）将如何反应呢？布朗（Brown）、马丁内兹（Martinez）、帕森斯（Parsons）等人利用正电子发射断层扫描（positron emission tomography，PET）技术研究了舞蹈过程中的大脑反应。实验中，他们让舞蹈爱好者在接受扫描的同时做一个小幅度的探戈旋转动作，研究者对其中的各个环节进行了分析，包括起舞、随节律舞动、按规定方式做出大幅度动作等。他们发现，当舞者闻乐起舞时，小脑中被称为小脑蚓体的部分被激活了（小脑是人脑中的一种古老结构，有助于我们保持平衡）；在有节律的舞动中，豆状核的活动更强烈（豆状核是基底核的一部分，与运动控制有关）；而当人们的腿部做大幅度动作时，脑部顶叶的某些部分则特别活跃。

这一研究也再次表明，在审美实验中，必须对分类与评判之间存在的明显差异保持清醒，二者所要回答的问题是不同的。你可以将某事某物作为审美对象，然后对它的特性进行研究，这也是本研究的研究者所做的。他们将舞蹈当作一种审美对象，然后研究大脑对不同舞蹈动作的反应，这点我们也很认同。与此不同的是，在评判研究中，你可以研究人们在对喜欢或不喜欢某种运动（任何形式）做出决定时大脑的反应，被评判的对象本身与我们对它的情感反应如何无关。

比阿特丽斯·卡尔沃 – 梅里诺（Beatriz Calvo-Merino）及其同事开展了一项动作评判研究。在这项研究中，她让被试观看 24 个简短的舞蹈动作，其中一半取自经典芭蕾，另一半选自卡泼卫勒舞（capoeira）—— 一种来自巴西带武术风格的舞蹈形式，让被试判定自己是否喜欢。结果显示，被试更喜欢那些涉及跳跃和全身运动的动作，而不是那些单肢、小幅度、原地运动的动作。研究者发现，与不喜欢的动作相比，对于自己喜欢的动作，人脑的右侧前运动皮层核枕叶内侧皮层某些部分的神经活动更为明显。他们认为，大脑中的这些部分是负责感受并实施舞蹈动作的，而从这一实验来看，负责实施舞蹈动作的区域似乎也承担着评判功能。这种模式与我们对容貌反应的研究结果很类似，在我们的研究中，当遇到美丽容貌时，负责对相貌进行分类的区域的活跃程度也明显提高。尽管从逻辑上说，对对象进行分类与进行评判是完全不同的两种方式，但人的大脑却无法做出这种明确的区分，负责进行分类的脑区同时也介入评判。

在相貌与身形的神经美学方面，我们已经取得了一些进展，对大脑如何对美做出反应的问题有了一个初步轮廓。大脑会把现实世界中不同的问题交由不同模块进行专门处理。某些模块负责对诸如相貌、身形及身体动作等对象进行分类，这些模块看起来似乎也负责对这些客体进行评判，它们与大脑的奖励系统协同工作，以产生我们的情绪反应，无论对象是令人快乐的还是令人厌恶的。整个系统的很多细节尚有待深入研究，但我们确实已经走在了正确的路上。在后面的几章中，我们将沿不同路径再回到对这一系统的探讨中，但是现在，让我们转向这样的问题：为什么我们会对某些对象一见钟情？为什么我们的大脑天生就对美有感觉？为什么我们会觉得匀称、正常或性别特征具有美的属性？为找到答案，让我们先从达尔文的进化论开始。

第 7 章

审美进化论

就在动笔写本书之前，我在犹他州的荒漠中度假。大地的广袤揭示出时光的久远，我在荒漠中发现了一种可以类比进化过程的现象。布赖斯峡谷（Bryce Canyon）是一个规模很小但却非常漂亮的国家公园。峡谷遍布着一簇簇怪石柱，它们细长直立，顶部通常有一个由坚硬岩石构成的顶帽。在漫长的岁月中，它们在干燥的盆地中，经大自然的鬼斧神工雕蚀而成，由于岩石类型与成分的不同，有着粗细不等的形状。置身峡谷放眼望去，它们隐约如一队队士兵，沉默而庄严。因为害怕这些怪石是被封禁在石头里的敌人的灵魂，一些美洲原住民部落的人不敢进入该峡谷。

怪石柱为我想象进化过程提供了帮助。看着它们，我可以把它们想象成主动从地下钻出来的，那些最坚硬的石柱钻出地表，长得最高。按照这样的思路，"适者生存"很符合当下的意境，但进化过程却并非如此。达尔文最深刻的洞见在于，进化过程只是在漫长的岁月中被动地对形状进行了选择。就拿怪石柱来说，它们的形状完全是由侵蚀所致，是因为环境的风云变幻侵蚀掉了较软的岩石，才使得那些坚硬岩石凸显出来。并不存在传说中的神秘力量先提出一个宏伟计划，然后将其形成石柱，而是大自然让那些具有抵御能力的岩石生存了下来。类似地，大自然将选择那些最有韧性的人类特征——不管是生理上的还是精神上的——让其生存、繁衍，而那些并不那么有用的特征则被消除掉。经过世世代代的相传，那些能够给人们繁衍健康后代带来优势的特征，无论是生理的还是精神的，也无论是多么微乎其微，都会被不断积累，在人群中形成优势地位。

达尔文还注意到，他在动物界所观察到的许多奇怪现象无法用自然选择来加以解释。雄鹿角、羚羊角、雄孔雀的尾巴、鸟类以及鱼类鲜艳的色彩等，都对自然选择理论提出了挑战。这些夸张的特征就是累赘，会引起捕食者的注意，不可能有助于其生存，但却受到潜在配偶的青睐。由此，达尔文认识到，还有另一种力量，即性选择，也在其中发挥着作用。性选择理论认为，那些受到异性青睐的动物将更有可能获得交配机会，生产更多的后代。为了获得更好、更多的交配机会，成年雄性或雌性动物的外观逐渐产生了适应性变化。动物界求偶一方的行为需要通过争夺交配对象的竞争（通常是在雄性之间）来实现，而另一方（通常是雌性）则以挑剔的眼光来选择交配对象。

顺便补充几句。历史上，与自然选择相比，达尔文的性选择观点经过了更长的时间后才被主流科学界所接受。他指出，在大多数物种中，雄性相互之间会发生竞争，因此它们需要在雌性面前炫耀自己，然后由雌性选择如意的伴侣。性选择理论被接受的阻力部分地来自维多利亚时代的文化观念。按照性选择理论，性行为是进化的基础，女性在这幕大剧中起着主导作用，这在当时是很难令人接受的，甚至比说"上帝并不存在，人类并不是上帝按自己的形象所创造的"都更加难以接受。

让我们回到怪石柱，谈一下其与性选择的类比。设想怪石柱是有生命的，他们会交配并生出怪石柱宝宝。在某些石柱看来，拥有石帽的石柱魅力无比，这就使得拥有石帽的石柱获得更多的交配机会，将这一特征传给后代。结果，在后代中带有石帽的石柱就会越来越多。多情的石柱可能并没有真正意识到石帽对生存的含义，但石帽是一种"适应度标志"，标志着石柱抗拒环境侵蚀的能力。石帽越大、越夸张，就越有吸引力，但这也要承担风险。当石帽太重时，会将石柱压垮，变成乱石堆。它们需要付出昂贵的代价，方能显示出超群但又不至于崩溃的特征，也是让事物变得美丽的关键。进化心理学家杰弗里·米勒（Geoffrey Miller）认为，就人类的某些"嗜好"（例如艺术和文化）而言，用性选择理论比自然选择更容易解释。

就自然选择与性选择这两种力量而言，前者强化了生存机会，后者强化了繁殖机会。这对于我们理解"为什么我们会认为某些对象是美丽的，而另一些则不是"提供了一种视角。具体到人类，进化的结果使得我们倾向于寻求能使后代生存机会最大化的配偶。当然，必须说明的是，驱动绝大多数人性行为的是情欲和快感，而不是如何让基因在恒久的未来繁荣昌盛的冷静计算。

想象一下那些在久远的时光中蹉跎的多情石柱。它们有的认为带有优美曲线的软质石灰岩石柱魅力无比；有的青睐拥有纤细腰肢的石柱；还有的会对带有石帽的石柱情有独钟。在这三种具有不同物理特性的石柱中，带有石帽的最有可能生存下来，而软的、带有优美曲线的将会被侵蚀殆尽，拥有纤细腰肢的则会坍塌。因为后两者没有留下多少石柱宝宝，它们的偏好将走向没落；而对石帽的偏好则可能会被下一代继承。怪石柱并没有必要知道石帽是适应度的标志。每经历一代，带有这种特征的石柱比例就会增加，直到石帽成为一种"普世性"的魅力。回到人类的情况，那些代表适应性的特征，也就是我们有所偏爱的特征留存了下来，并且比例不断增加。这种偏爱是这样一种事实的结果：基于人的某些外观特征，人们会产生快感，并且燃起一种欲望，而这些外观特征又恰好与适应能力相吻合。

正如前面谈到的，在确定找什么样的人做配偶这件事上，男性会将形象美丽放在非常重要的位置。但他们不知道的是，男性所谓的那些使女性显得更加美丽的特征，正是与生育下一代的多少以及能否生出健康下一代联系在一起的。女性也关注男性的形象，但她们所关注的是另外一些特征。男女之间在对各自偏爱的异性的评判标准之间的差异，几乎在曾经研究过的每一种文化中都存在。常言道"内在美才是真的美"，女性对配偶是挑剔的，她们既注重他的外表，也注重他的社会地位、声誉和财富。

我们已经看到，人类是否具有魅力与以下三个特征有关：均分性、对称性和性别二态性特征（区分男性和女性的特征）。这三个种特征如何与进化相关联？

在人群中，均分性特征就是一种中庸，它的定义就是不极端。就如怪石柱那样，极端的特征通常不会长久，这就使得均分性成为健康与适应性的一般标志。一个具有均分特征的配偶生出能够存活的后代的可能性更大。我们普遍都有一种观念，即近亲繁殖的人群"怪模怪样"，具有不同人种混合特征的人更具美貌。这其中隐含了这样一种解释，即不同人种外貌特征的混合是遗传基因多元化的表现，而遗传基因的多元化就意味着适应性以及在变化多端的环境中的生存能力的提高。是否具有均分特征的人更健康？我们确实不很清楚，因为现如今绝大多数处在生育年龄的人们都生活得很健康。但有一点很重要，那就是我们遥远的祖先所面对的环境条件与我们今天的大为不同，对他们而言，适应性特征就是一种优势。今天我们讲的“适应性”，其含义已不是我们祖先那个时候所说的适应性了。我们将在稍后再讨论。

均分性偏好的另一种解释在于我们大脑处理信息的方式，它的进化机制是自然选择而不是性选择。在自然选择的情况下，某些能力可以产生微弱的生存优势。当面对大量不同类型的事物时，能够对它们进行快速分类的正是这种能力。能够将达克斯猎狗、㹴犬、哈士奇、拉布拉多犬都判定为狗，这就很有意义。建立原型是快速分类的一种策略。所谓原型，就是我们已知类别中的一个实例，例如，知更鸟就是鸟的一个实例，而鸵鸟就不是。原型经常是一个类别中许多实例的平均化。在某一类别中，不同的人对不同原型的偏爱程度有所不同。当你向人们询问他们对色彩及音乐作品的评价时，就会发现这种偏爱差异。因为原型在一个类别中具有代表性，因此更容易进行处理，也就更容易得到人们的偏爱。人们内心中的这种偏爱原型的一般特性也适用于相貌。所谓正常相貌，就是特定人类种群中的一个相貌原型。

对称性是我们认定相貌（以及身体）是否美丽的第二个参数。对称性成为一种美的特征，其进化逻辑类似于均分性，它也是一种适应性标志。

因为许多发育异常都会导致不对称的外表，所以它能反映出神经系统的健康性；寄生生物在人类进化过程中起到重要作用，它们能导致大多数植物、动物及人类产生发育上的不对称，而基于遗传的免疫系统决定着不同人对寄生生物的易感性，因此，相貌及躯体是否对称反映出主人对寄生生物的抵御能力，从而使对称性成了健康免疫系统的一种表征。虽然外表的美在任何一种文化中都受到高度重视，但冈捷斯塔德（Gangestad）和巴斯（Buss）发现，在那些疟疾、血吸虫病以及其他恶性寄生虫病流行的文化环境中所受到的重视尤为突出。

除了反映出受寄生生物的感染和发育不正常之外，身体缺乏对称性还会影响到奔向特定目标或逃避特定危险时身体的灵活性。在前面的部分，我们已经知道，身材对称的中跑运动员比那些缺乏对称性的运动员具有更好的成绩。在史前美洲原住民的遗骸中，人们发现，年长者的骨骼比年幼者更具有对称性。鉴于年龄的增长会减弱身体的对称性，所以这样的发现非常令人惊讶。或许这意味着，与对称性较差的同类相比，对称性较好的人更为健康，生存得更久。

性别二态性是产生美感的第三项生理特征。在性选择过程中，这些特征也使得其主人具有了选择优势。女性的母性特征反映出其更强的生育能力，男性被女性相貌上那些反映出更强生育能力的特征所吸引，这些特征的综合表现就是年轻且成熟。过分的娃娃脸可能意味着尚未达到生育能力高峰，也可能不能很好地照顾后代。为了繁育后代，女性必须达到一定的性成熟程度，因此男性认为，那些大眼睛、厚嘴唇、尖下巴（年轻的标志）、高颧骨（性成熟的标志）的女性更有魅力。这里的逻辑是，年轻的女性与年长的女性相比具有更长的生育时间，与年轻、生育能力强的女性结合的男性将比那些与年长女性结合的男性具有更多的后代，这种偏好有可能会遗传给下一代并在代际中不断积累。

那些表现出男性美的相貌同样能用进化论解释。睾酮催生男性性征，而在许多不同物种中，睾酮对免疫系统有抑制作用。因此说"男性性征也是一种适应性标志"于理不通，需要用另一种逻辑来解释。对此，科学家针对男性性征提出了一种所谓的"代价高昂标志"假说，以替代适应性标志一说，也就是"好基因"假说。只有那些具备强大的免疫系统的男性，才能对付得了睾酮对免疫系统的抑制作用。动物界最常被引用的一个代价高昂的标志是孔雀尾。毫无疑问，这样一个笨重但确实是美丽的尾羽绝不会对孔雀的灵活运动、亲近雌性、逃避猎食者等提供任何有效帮助。那么，为什么要进化出这样累赘的附属物件？最基本的解释就是，雄孔雀以此告诉雌孔雀它强壮无比，完全可以负担得起维持这样一条需要高昂代价的尾羽所需的成本。与此相类似，大多数色彩斑斓的鸟类都生活在寄生生物肆虐的地区，这再次表明，这些鸟通过将资源分配到这样一个奢华的附属特征来证明，它们具有特殊的适应能力。代价高昂标志假说所揭示的逻辑也解开了我久埋于心的困惑：为什么有些男性甘愿为用一块简单的天美时（Timex）手表，甚至一部手机就能解决的问题而去花费数千美元购买一块劳力士（Rolex）手表？用花费不菲的成本去购买昂贵的手表、汽车、房子等，这与它们的功能无关，而是作为一种奢华标志，试图用来表明该男性具有更强的适应能力，希望有女性喜欢他们的"美丽尾羽"。

一副富有男性特征的相貌会影响免疫系统，所以，具有这类相貌的主人以此向人们表明，他担负得起花费一部分适应性成本来维持一张棱角分明的脸，他有着极佳的基因可以奉献。因此，女性会认为，这种由睾酮滋润的男性面孔是有魅力的。他们也的确如此。事实上，与对细菌易感性毫不关心的人群相比，那些对细菌给予高度关注的人，无论男性还是女性，更有可能认为男性特征具有魅力。强大免疫力与男性特征之间的关联，已经深深根植于我们祖先大脑中的某处。

正如我们之前所看到的，大多数女性只在一定程度上偏爱具有阳刚之气的相貌。超级阳刚之气的相貌所显露的信息不仅仅是适应性，也昭示着控制欲。女性在后代身上投入巨大，她们更希望与配偶一起投入。超级阳刚之气的相貌往往昭示着它的主人可能不会很好地与配偶合作，不会是很好的父母。因此，女性最终将倾向于喜欢那些略带女性特质的男性特征（如在实验室看到的那样），因为这种结合意味着该男性既具有好的基因，也能够提供长期家庭支持，可以成为好父亲。总而言之，与超级阳刚之气或过度女性化的男人相比，这是一种更好的折中选择。

我们在排卵偏移假说中看到，女性的偏爱会根据需求而改变。在坦桑尼亚北部的一个与世隔绝的狩猎采集部落哈兹阿（Hadza）[1]中，这种现象表现非常突出。鉴于高水平的睾酮将导致声调变低，研究者播放了一些不同声调的男声和女声的录音片段。结果发现，男性更喜欢选择具有高频声音的女性作为结婚对象；不管是男性还是女性，都认为那些低频的声音来自更好的猎手；哺乳期妇女显示出对高频男声的偏爱，而不在哺乳期的妇

---

① 哈兹阿部落生活在坦桑尼亚埃亚西湖南侧，人口不足 1000，使用自己独特的哈兹阿语。——译者注

女则更倾向于低频男声。没有婴幼儿需要抚养的妇女更青睐能够出去猎杀大型猎物的男性，而一旦她们有幼儿需要抚养，她们就会更喜欢那些愿意花精力抚养孩子的男性。尽管这些例子与对相貌或身型的反应无关，但我在这里仍要提起，是因为它们说明了一个普遍现象，即女性的偏爱会随她们的处境而变化。具有受睾酮刺激而形成的生理特征，如迪克·特雷西（Dick Tracy）①般的大额骨，或如巴里·怀特（Barry White）②般低沉声音的男性，作为短期伴侣更具吸引力，但如若作为白头偕老的伴侣就未必。

正如我们在前面所看到的，按照排卵偏移假说，女性既希望后代有最好的基因，又希望获得最多的资源，这就产生了令人诧异的结果。女性在最有可能怀孕的时间段内，会渴望更具阳刚之气的男人，为后代获得更强壮的免疫系统基因。如果你询问年轻女性，作为长期或短期伴侣，她们觉得什么样的男性更具魅力时，她们会倾向于将更具阳刚之气的男性作为短期伴侣；而作为长期伴侣，女性则希望她们的男人既要有男子气概，还要有对家庭的温情与担当。在这些现象的背后，或许能得出这样一种结论：进化选择使女性具有多夫倾向，她们会在不同的时间段，出于不同的原因选择不同的伴侣。

令人好奇的是，男性睾丸的大小也支持"女性是挑剔的和在一定程度上具有多夫倾向"的观点。在灵长类动物中，存在着不同的社会结构。大

---

① 迪克·特雷西是由美国漫画家切斯特·古尔德（Chester Gould，1900—1985）在同名连环漫画中创造的人物形象，在美国流行文化中知名度很高。该连环漫画于1931年开始连载，直至1977年。——译者注

② 巴里·怀特，全名巴里·尤金·怀特（Barry Eugene White，1944—2003），是美国音像制品出版商、歌唱家，其嗓音低沉优美。——译者注

猩猩族群通常由一只雄性统领，妻妾成群，雄性为了争夺雌性会相互竞争，但只有一只胜出，雌性大猩猩只能与这只胜出的强壮雄性大猩猩交配。而黑猩猩族群的层级结构则不同，在排卵期，一只雌性黑猩猩可能和多达 50 只雄性黑猩猩交配。在这种情况下，雄性间的竞争发生在精子层面上，在争夺卵子的比赛中胜出的精子就是获胜者。产生尽可能多的精子是提升自己的精子竞争力的一种方式，以量取胜。这样，大的睾丸就是必需的。进化选择的结果就是大猩猩有着大而强壮的体型、发达的肌肉，但它们的睾丸却很小，它们的精子只有在竞争胜负已决之后才进入角色。与此相反，黑猩猩的体型就没有那么大，但却有着硕大的睾丸，它们的竞争在排精后才开始。人类睾丸的相对尺寸介于大猩猩与黑猩猩之间，这暗示着，人类女性既没有如雌性大猩猩那样专情于一个大而强壮的雄性大猩猩，也没有如雌性黑猩猩那样滥情，在排卵高峰期与多达 50 名雄性黑猩猩交媾。

抛开猿猴们的爱情，让我们言归正传。审美进化的逻辑是，某些特征之所以被认定为美丽而保存下来，是因为它们是相对可靠的健康标志。一旦这一事实成立，那么许多这样的指标之间应该会有互相关联。为了检验这一想法，格拉默及其同事选择了 96 名美国妇女，列出了 32 项与魅力相关的特征（例如唇、眼、乳房大小、体重指数、腰臀比、肤色、肌理、均分性、对称性）。他们发现，有四类要素影响男性对女性魅力的评判。前两类与魅力成负相关，分别是体重指数和婴儿相——不男不女；后两类则与魅力成正相关，分别被他们称为性成熟程度和对称性 / 体色。格拉默及其同事指出，当不同要素的指向相同时，做出判断很容易。你是否恰巧注意到了某一特征并不重要，是特征的突出程度，而非实际内涵，才是重要的。在他们的数学模型中，那些相关性最低的特征却提高了魅力预测的强度，因此他们推断，实际上我们真正所做的是要回避那些不具魅力的特征，而不是挑选那些最具魅力的特征。事实上，一般说来，在人的一生中，绝大多数人确实是更倾向于那些风险更小的抉择，而不是获益最大的抉择，因此上述假说合情合理。当然，你也很难说罗密欧与朱丽叶之所以相互吸引，是因为他们觉得所有的蒙太古家族成员（Montagues）和开普莱特（Capulets）家族的人[①]都根本不具任何吸引力。

文化又如何影响人类对于美貌的判断？文化至少通过某种方式产生了影响。为了理解这一点，让我们先来看一下银鸥。多年以前，动物行为学家廷伯根（Tinbergen）观察到，银鸥雏鸟通过啄成年银鸥的喙上的一个小红点，可以使成年银鸥"反刍"出食物。如果拿一根黄色木条来冒充成年银鸥的喙，雏鸟也会照啄不误；如果在木条上画上许多红点，它就会更加卖力地啄，即使雏鸟从未见过这样稀奇古怪的东西。在面对一个被夸大的、通常会刺激产生正常反应的场景（放大场景）时，我们通常会采取比面对正常场景时更加夸张的反应（即峰值反应），而这种现象被称为"峰值偏移"。

基于性别二态性的峰值偏移在许多文化实践中存在。神经医学专家维拉亚涅尔·拉马钱德兰（Vilayanur Ramachandran）曾指出，印度教寺庙中的雕像就利用了这一原理，为了夸张地表现生殖能力，这些神仙塑像被刻画成具有巨大乳房和据他估计低至 0.3 的腰臀比。夸张的性别二态性还是

---

① 蒙太古和开普莱特分别是莎士比亚《罗密欧与朱丽叶》中罗密欧和朱丽叶家族的姓氏，这里泛指一般男女。——译者注

连环漫画的标配，超级男人有着大而方的下巴、强健的肌肉和夸张的 V 形身躯；而超级女人则必有大眼睛、大乳房、细腰、肥臀；那些身价最高的超模们面部的某些器官的尺寸只及 10 岁以下女孩的，这是货真价实的表现年轻的峰值偏移！

在过去 60 年中，这种峰值偏移现象也在经典芭蕾舞剧的演出中逐渐显露。原本已成固定模式的一些身体姿势在这些年中都发生了改变，身姿越来越挺，分腿的幅度越来越大。对原创经典的这种粗俗夸张，却得到了天真的观众的青睐。

这一原理也被应用于时装与化妆品领域，为了让受众产生峰值反应，那些被我们进化而成的审美观认为是美的特征被进一步放大。根据《最美者生存》（*The Survival of the Prettiest*）一书的作者南希·艾特考夫（Nancy Etcoff）[①] 的观点，我们在个人护理产品与服务上的花费要比我们花在阅读材料上的费用多两倍，这些产品或服务通常要么增大眼睛的尺寸，要么使嘴唇更丰满，要么使颧骨更高。换句话说，它们将男人眼中那些有魅力的女性特征进行了夸张处理。

人类对放大美丽特征的痴迷由来已久。在南非，考古学家发现了数万年前的赭石棒，他们认为，这些赭石棒是用来涂绘身体的。古埃及的化妆技术很发达，在图坦卡蒙法老墓中，就曾发现了 3000 年前的润肤膏；除润肤膏这种古埃及人的必需品外，他们还具有防皱、防疤痕的产品配方；

---

① 　美国心理学家、认知学研究的新先锋之一。《最美者生存》的主要观点是美貌和生存与繁殖息息相关。——译者注

无论男女，大多数人都要去除体毛，人们曾发现了公元前2000年的剃毛套装；他们还使用红色赭石涂染面颊和嘴唇，用指甲花染指甲。在印度河谷，化妆品的使用可以追溯到公元前2500年，在那里，不同的季节有着不同的面膜，理发产品很常见，唇膏和洁牙产品被广泛使用，还有防止头发过早变白的产品。在古希腊，昂贵的油脂、香水、妆粉、眼霜、油彩、颜料、美容膏、染发剂等都是常用产品。古罗马则继承了古埃及和古希腊的美容传统，妇女使用着从其他国家进口的化妆品，眼妆与胭脂很常见；为了使皮肤看上去更加白皙，人们使用各种果蔬汁、种子、植物或其他材料；女人甚至用驴奶进行沐浴，她们认为这是一种洁肤剂。

强化外表美的古老实践有着其现代版本，这就是整容手术。2010年，仅在美国就进行了1300万例美容外科手术。钟情于整容术者并非仅限于好莱坞那些崭露头角的年轻白净女星们，男性群体也是整容业务增长最快的市场之一，非裔、西班牙裔、亚裔等美国人也不甘落后。这些手术并非使你看起来更成熟、更聪明、更友善、更真诚或更机智，它们只是被设计用来使你看起来更加漂亮。实际上，大多数整容手术都是在矫正那些不对称特性或强化那些性别特征。

让我们总结一下关于审美的进化。进化选择使我们认定人的某些特征是美的，而这些特征曾为我们的祖先带来快感，因为机缘巧合，这也恰恰是更有可能使他们的基因代代相传的特征。我们遗传了他们对快乐的感觉和对美的感觉；由于奢华标志和峰值偏移等现象的存在，这些特征在进化过程中可以被放大；文化无疑可以改变我们对美的认知，但只有在夸大性别特征的情况下，文化才更有可能获得成功；利用峰值偏移效应，文化放大了对那些刻录在我们的大脑中、被我们认为是美的东西的反应。

　　下面我们将不再谈论人，而是转向谈论地点。如何解释我们对某些地点的偏爱？为什么某些地点比其他地点更有吸引力？适用于人的相貌之美的原则是否也同样适用于地点？

第 8 章

美景

坚定的自然主义者约翰·穆尔（John Muir，1838—1914）^①曾经说过，"人不仅需要面包，也需要美，需要大自然为我们提供让自我放飞、为心灵祈祷的场所。在那里，大自然会为我们治愈伤痛，赋予我们的身体乃至灵魂以力量"。这种说法虽然听起来夸张，但我深表赞同。荒野能够给予我们深度的安逸感，特别是当我们得意忘形或心灰意冷之时。持这种观点的不止我一人。在许多研究中，科学家们发现，与人工设施相比，人们更喜欢自然环境。当你精神紧张时，森林中的一次漫步将有助于你的心情平静下来，这样的效果是穿梭于人工建筑中无法达到的。

大自然展示出的美丽、庄严、生动的形象曾引起 18 世纪美学理论家们的高度关注，他们提出的问题今天仍然困扰着我们：为什么当我们置身某些自然环境中，会感到心潮澎湃、肃然起敬，或气定神闲？自然之美与人类之美有无共同之处？当我们评价某人时，相貌是否"正常"是一项重

---

① 约翰·穆尔是爱尔兰裔美国人，环境主义者、自然主义者、探险家、作家、发明家、工程师和地理学家。——译者注

要标准，但地点不是人，显然你无法说某个地点是否"正常"。对于正规园林以及人工环境而言，对称性有一定的意义，但对于自然景观就不是这样了。有时我们说某一地点富于浪漫性，但这只是拓展了我们的想象，把进化过程中受性选择驱动的对人的感觉偏好应用到了地点上。那么，究竟是什么原因使我们认为一个地方是美丽的？

我们大脑中认为什么地方是美丽的，这受到进化过程中选择力的强大影响。进化产生了功能强大的情感反应，这种反应引导或鼓励着祖先们的某些行为，增大了他们的生存与繁衍机会。今天，我们或许认为是美丽的那些地方，正是能改善祖先们生存概率的地方。对这些地方的偏爱可能在始于 180 万年前的更新世时期（the pleislocene era）^①的漫长岁月中得以进化，直至大约 10 000 年前。我们的更新世以采集狩猎为生的祖先需要不断迁徙，跨越不同地域，需要做出到什么地方去、在什么地方停留，以及什么时间需要再次迁徙的决定。人类学家认为，这样的族群更喜欢那些易于探查、能够提供生存必需资源的地方。在非洲，稀树草原（savanna）就属于这类地方，那里地面起伏很小，不影响视野；树木稀疏，使人可以看到远处漫游的大型哺乳动物。动物可以提供所需的蛋白质，树木可以用来遮蔽阳光，也可以供它们攀爬以躲避捕食者。

今天，即使那些从来没有见过稀树草原的人，也会喜欢那里的景象。在一项研究中，研究者让不同年龄（8 岁、11 岁、15 岁、18 岁、35 岁和超过 70 岁）的被试观看热带森林、落叶森林、针叶森林、沙漠以及东非稀树草原等的照片。8 岁组儿童表示，与其他环境相比，他们更喜欢在稀

① 属于地质时代第四纪的早期。——译者注

树草原生活或到那里看一看；15 岁后的人除此之外还喜欢落叶森林和针叶森林。因为所有被试都未曾见过稀树草原，这意味着，他们的偏好是编码在大脑中的。这种被编码的偏好被称为"热带稀树大草原假说"。随着年龄的增长，人们的偏好会受到其所生活过的环境的影响。西内克（Synek）和格拉默在另一项研究中也确认了这样的结果。他们发现，奥地利的儿童喜欢有少量树木点缀、具有小山丘的环境，这正是类似于稀树草原的环境；青春期以后的偏好则转向有更多树木和更高山峦的环境，由此可以再次推断，是这种环境的经历影响了他们的偏好。

树木本身也支持稀树草原假说。日本的园艺家精选样本，精心修剪，创造出非常精致的、具有审美学意义的树形，却在无意间使它们具有了类似稀树草原树木的特征。曾有一项研究将关注点专门放在了究竟是稀树草原树木的何种特征才能引起人们的喜爱。合欢刺槐是一种中大型树木，因其有着超大的树冠，因此也被称为刺伞。在不同肥沃程度的土地上，这种树有着不同的发育形态。研究者让来自美国、阿根廷、澳大利亚的被试观看不同的形态，结果发现，来自这三个地区的人都喜欢树冠茂密程度适中、树枝分开接近地面的类型，而这也恰好是发育在最肥沃土地上的类型。借用我们讨论人美丽特征时所用的术语，这样形态的树木就是一种适应性标志，它表明了该环境能够提供人类生存所需。

稀树草原假说颇具浪漫性，它激发了我们的想象：人类有一种乡愁情结，一种不自觉的群体意识，渴望回到久远的根。在博茨瓦纳度过了一段时光之后，我同样对非洲产生了一种浪漫感觉。那里土地广袤，似乎从未在岁月流逝中改变过；尽管她是野性的，但仍然吸引着你的脚步；踏足于这片土地，绝不会有异国他乡的感觉。令人称奇的是，这种快感不是出于新奇，而是出于亲切。稀树草原假说告诉我们，对某些自然环境之美的认知是一种共识，但并不是环境偏好的全部进化故事。人类迁徙从非洲起步，几乎踏遍每一块大陆。如果我们的祖先不能在非洲稀树草原之外的地区存活，迁徙路径就不会如此之远。在漫长的更新世时光中，人类必然还进化出了对其他环境的偏好。

环境的吸引力体现在哪些方面？我们喜欢那些对我们的狩猎采集者祖先来说既安全又能提供生存资源的环境。这样的环境需要有水、有大型树木、有核心区、有起伏的地表、有相对空旷的空间、有开阔的视界，还要具备一定的复杂性。稀树草原具备这些特征，但其他一些地方也具备。奥里恩斯（Orians）和黑尔瓦根（ Heerwagen）指出，对我们的狩猎采集者祖先来说，首先面临的问题是去什么地方，然后就是留下来还是继续寻找。当到达一个选定的地方并且留下来后，祖先们必须收集当地信息。他们必须对捕食者保持警觉，寻找水源、食物。R. 卡普兰（R. Kaplan）和S. 卡普兰（S. Kaplan）发现，现今的人们喜欢那些看起来安全并且能够提供丰富食物的环境。为了快速汇集相关信息，这样的环境必须是"有条理"的。例如，重复的外观以及相对单一的区域就给人以条理化的感觉。没有条理性，就很难弄懂一个环境，也无法预测危险。同时，环境也需要有一定的复杂性。复杂性意味着富饶与多样化，不具备复杂性的环境是乏味的，不大可能提供足够的水源与食物。适当的复杂性也具有被卡普兰称为"神秘性"的特质，只要你具备足够的探索精神，神秘性就会吸引着你去不断发现有趣的事情。当我们沿环绕山丘的小径或小溪逶迤行进时，正是这种半遮半掩的特点，才诱使我们一路前行，试图一探究竟，这种感觉就拜神秘性所赐。

除空间因素外，时间因素也会对环境之美产生重大影响。例如，在大特顿山，如果你在黎明时分来到莫尔顿仓（Moulton Barn）——这可能是全世界被拍照最多的"仓"了，你会发现一大群摄影师正在安装他们的三脚架。即使同一景观，在不同的时间段内，其美的程度也会有所不同。所谓美丽时刻，正是那些需要引起我们四处漂泊的祖先们高度注意的时刻。在一个夜间捕食者肆虐的世界里，黎明曙光或黄昏暮色的变幻对于安全性有着显著的意义。风云变幻同样具有重要意义，例如，某种形状云的出现或阳光的快速变化可能预示着需要立即采取行动。这些模式都被我们认定为美丽的。时间也会以很慢的节奏改变环境。季节变换需要在预算与计划中做出反应，树蕾萌动与草地初绿预示着丰盛季节即将来临。花朵是大自然的一种突出特征，虽然鲜有可供食用的，但却被誉为异常美丽的对象，因为它是即将出现可供采集的果实的征兆。与树木形态一样，花朵也是环境的适应性标志。虽然关于环境偏好尚有大量问题有待研究，但作为一般原则，那些对我们的祖先而言可以作为安全与丰盛食物标志的空间和时间特征，就是我们现在认为美丽的特征。

针对环境的神经美学，我们又了解多少？正如我此前提到的，视觉皮层的一个特定区域，即海马旁回，对自然环境或人工环境的敏感程度比对相貌、身形以及其他物体的更明显，这一区域与被称为压后皮层（RSC）的区域协同工作，处理我们所处空间的信息。我的同事、认知神经科学家拉塞尔·爱泼斯坦（Russell Epstein）指出，海马旁位置区域只负责直接看到的景象，它们可能是自然景观、城市景观、室内场景，甚至可能是乐高积木所打造的景观，该区域神经元的反应与你对某一景观熟悉与否没有关系。当人们观看或想象一个场景时也会激活压后皮层，相比海马旁位置区域，压后皮层对熟悉场景的反应更明显，这意味着压后皮层有助于调出对场景的记忆。压后皮层也与大脑中其他一些负责处理空间信息的重要区域（如大脑的顶叶后皮层）相关联。爱泼斯坦指出，压后皮层将我们身处的场景与记忆中的场景相结合，为场景赋予更加丰富的含义。

狂热的环境主义者爱德华·阿比（Edward Abbey）说过："投身于荒野的怀抱是一种最自主、最廉价、人人可得的快乐。每个拥有双腿，买得起一双商售陆军靴的人都可以做到。"那么，环境带给我们的快乐感在大脑中是如何表现的？为了研究环境偏爱的神经基础，神经科学家岳（Yue）、韦塞尔（Vessel）和比德曼（Biederman）让被试在接受 fMRI 扫描时观看不同的环境照片，其中包括自然景色、城市街道、房间等。他们发现，对于那些被试表示喜欢的环境，大脑中右侧海马旁位置区域有更明显的反应，同时在右腹侧纹状体内也发现了更多的活动。与美丽相貌的情形一样，这里我们再次发现，美景在专门对空间信息进行处理的视皮层区域中激发了强烈反应。这个发现也暗示着，这一区域既负责对场景进行分类，也负责评判。在评判过程中，它需要使其本身的神经反应与编码快乐和奖励的区域相配合。

通过所有这些研究，我们看到了什么？在我们对人之美、对地点之美的认知背后，有五条基本原则。第一，类似于对相貌和身形，我们对地点的偏爱也是部分编码在硬件中的。我们偏爱那些看上去类似于稀树草原的景观，即使我们从未踏足于那样的地方。对地点的偏爱也会受到个人后天经历的影响。第二，我们的更新世祖先们被某些地点所吸引，而这些地点又碰巧能够提高他们的生存概率。他们将他们的偏好遗传给了我们，使我们今天仍然认为这样的地点是美丽的。在地点偏好问题上，是自然选择，而不是性选择起到的主导作用。第三，大脑对美景的反应包括视皮层负责环境分类的神经元，同时也激活了负责奖励的神经元。虽然目前下结论尚早，但有证据提示我们，我们大脑的视觉区域不仅负责分类，也负责评判。第四，我们对适应性标志有反应。对于相貌而言，这些标志包括大眼睛、厚嘴唇，或方下巴；对环境而言，则包括那些标志肥沃环境的树木或预示丰富食物的花朵。第五则是强化规则。在前面部分，我们看到美容术在人类历史长河中扮演着重要的角色。一般来说，美容术，包括整形外科手术在内，放大了那些因进化的原因使我们认定为有魅力的外貌特征。人工园林也是一个被强化的例子，为了使人产生快感，设计中夸大了自然环境中那些被我们认为是美的元素，如开阔的空间、远眺制高点、若隐若现的小径，还有昭示着慷慨馈赠的花朵等。

尽管人与环境不同，但我们还是找到了形成它们美的属性的一些共同原则。下面，我们将通过讨论数字与数学，将这种比较推进到极致。数字并不能激发情感，但是我们的确认为某些数字的组合是美丽的，这究竟是怎么回事？数字之美与人之美、地之美是否有共同之处？

第 9 章

数字之美

　　我的实验室从事的是人类认知的神经基础研究，我们对健康的年轻人进行功能性核磁共振实验，也对有大脑损伤的人进行行为学实验，一项典型的实验可能涉及 12 ～ 30 名被试。最近，我们完成了一项 17 名被试的研究，收到了预期成效。我很喜欢这项研究的设计，实验数据真实可靠，实验结果富有意义。但我却总感到不爽，原因就在于数字 17，它似乎不应该是在一项实验中出现的数字。这种感觉与统计学家所称的"效力"（即需要多少被试才能使实验结果达到某种可信度）无关。我的不爽完全是因为数字 17 本身。16 似乎更好，20 也可以，18 也未尝不可，但 19 同样会使我不爽。出于莫名的原因，能被几个数整除的数在实验中出现会使人感觉比质数好。

　　我不知道是否有人对实验中"合适的"数字与我有同样的感觉，但事实上，每个人都相信自己有幸运数字与霉运数字，这与我在特定场合下偏爱某些数字如出一辙：1 是万物之源；2 属阴；3 属阳；4 代表公平与秩序；5 则是第一个阴性数字 2 与第一个阳性数字 3 结合的产物，因此象征着爱情和婚姻。赋予不同的数字以不同社会属性和价值，在许多数字命理学体系中具有悠久的历史。数字不仅仅是纯理性思考中枯燥的抽象。我们可以喜欢它们，也可以不喜欢。它们甚至还可以是美丽的。

为什么要在一本讨论美的书中去费心劳神地关注数学？原因在于我们试图解答这样一个问题：为什么有一些与人或地点有着天差地别的东西却可以被认为是美丽的？我们与数字不发生性关系，也不打算生活其中（至少不会实实在在地）。数字与公式不能引起快感，在18世纪的美学观念中，似乎也将其排除在以感性为基础的经验之外。然而，人们却在以与谈论其他美丽客体一样的方式来谈论数学。让我们来看一下英国数学家兼哲学家伯特兰·罗素（Bertrand Russell）在《数学研究》（*The Study of Mathematics*）中的一段论述：

> 事实上，数学不仅是真的，还是极致的美，一种冷峻、朴素如雕塑般的，无须求助任何我们并不可靠的本能、无须像绘画与音乐那样哗众取宠，然而却是至真至纯的、只有最伟大的艺术家才能表现的美。也唯有在数学和诗歌中，才能找到这种纯真无邪、激荡心灵、超凡入圣、臻于极致的美。

虽然我不是数学家，但凭直觉我也能感觉到数学之美。接下来我将向你说明为什么它是美的，以及这种美与人之美、地之美有何关联。我们将看到，数字之美可以以两种方式体现：一是它在自然界中无处不在，在物理学和生物学中，数学关系总是不期而至，使我们不断感受到大自然背后的这种数学结构所揭示的美；二是数字的行为，它们时而相互作用、时而合、时而分，结果让我们惊奇不已，让我们感受到美丽。我们还将讨论数

学的这些特性是天生就存在，等待着我们去发掘，还是纯粹只是我们心灵
的产物。

在许多数学家看来，一个非常美的数字是一个无限不循环数
1.6180339887……，它是不是看上去很美？这一数字被称为 φ，或黄金
比①，这是公元前 5 世纪古希腊数学家希帕索斯（Hippasus）发现的，后来，
欧几里得（Euclid）对其进行了详细阐释。它之所以被称为黄金比，是因
为当你将一条线段分成两段，使整条线段的长度与较长线段长度的比值等
于较长线段的长度与较短线段长度的比值时，该比值就是 φ。如图 9-1 所
示，线段 AB 的长度与线段 AC 的长度的比值等于线段 AC 的长度与线段
CB 的长度的比值。

图 9-1　黄金比示意图

φ 是一个无理数，也就是说，它无法用两个整数的比值来表示。据传
说，无理数的发现引起了毕达哥拉斯学派（Pythagoreans）的巨大恐慌，因
为他们认为数字才是这个世界的理性结构的核心特征。

φ 引起了数学家和历史学家的无穷想象，为任何其他数字所不及。许
多人宣称拥有 φ 的发现权，马里奥·利维奥（Mario Livio）在其著作《黄
金比》（*The Golden Ratio*）中对此有生动描述。这一数据可能曾被用于美
索不达米亚建筑、包括最著名的金字塔在内的埃及古墓葬，以及雅典帕

---

① 　黄金比也称黄金分割，而人们通常所使用的实际上是这一数值的倒数，即 0.618……。——译
者注

特农神庙的设计中，它的名称 φ 来自设计帕特农神庙的建筑师菲迪亚斯（Phideas）[1] 的读音。人们认为，黄金比为这些古典建筑赋予了和谐之美。

φ 具有看上去神奇的特点。如果你将 1.6180339887……乘方，将得到 2.6180339887……它的倒数是 0.6180339887……这些都是无限不循环小数。φ 还与斐波那契数列（Fibonacci series）有关。1202 年，意大利数学家斐波那契（Fibonacci）[2] 在其著作《计算之书》（*Liber Abaci*）中提出了这样一个问题：将一对兔子放在围栏内，它们每个月都会生一对后代，后代在出生第二个月以后以同样的速度产生新的后代，到了年末，围栏内将会有多少只兔子？答案可以用下面的图进行描述，其中每个 R 代表一对成年兔子，r 则代表一对新生兔子，兔子的数列将为：

一月　R

二月　R r

三月　R r R

四月　R r R R r

五月　R r R R r R r R

---

[1] 原书使用的是 phi，即以 Phideas 的前三个字母（小写）来表示黄金比，读音与希腊字母 φ 相同，而 φ 则是古希腊雕刻家、建筑师菲迪亚斯希腊文名字的第一个字母。事实上，在专业的数学文献中，黄金比通常用希腊字母 τ 来表示。20 世纪初，为了纪念菲迪亚斯，才出现用 φ 来表示黄金比的用法。——译者注

[2] 列奥纳多·斐波那契（Leonardo Fibonacci，1170—1250），是将阿拉伯数字引入欧洲的数学家之一，他强烈倡导使用十进制数字体系。——译者注

六月　RrRRrRrRRrRRr

从这一数列中可以看出，每月的成年兔子对数为 1、1、2、3、5、
8……幼兔对数形成同样的数列，但滞后一个位置：0、1、1、2、3、
5……兔子的总对数也形成同样的数列，但却超前一个位置：1、2、3、5、
8、13……其中的每个数字都是前面两个数字之和，要回答一年后有多少
只兔子，只需要将第 12 个数字加倍即可（因为这个数列表示的是兔子的
对数）。

伟大的天文学家约翰尼斯·开普勒（Johannes Kepler）发现，在斐波
那契数列与黄金比之间存在着神奇的关联。如果你用数列中相邻的两个数
字组合成分数，可以得到：

1/1=1.00000

2/1=2.00000

3/2=1.500000

5/3=1.666666

8/5=1.600000

13/8=1.625000

…………

以此类推，所得结果将越来越接近于 φ。例如，将这一数列继续下

去，将有 987/610=1.618033。

数字 φ 和斐波那契数列在自然界中以多种神奇的方式出现。例如，有些植物，例如榛子、黑莓、山毛榉等，其茎上的叶子以螺旋形排列，相互间隔为 1/3 圆周；苹果、杏、栎树等叶子的排列为 2/5 圆周；梨树、垂柳为 3/8 圆周。这些分数无一不是由斐波那契数列中的数字构成。菠萝的排列参数也是出自斐波那契数列，但却展示出令人着迷的组合。菠萝的表面由六角形鳞片组成，每个鳞片都位于 3 条具有不同卷曲程度的螺线上。大多数菠萝具有 5、8、13 或 21 条这样的螺线，这些数字都出自斐波那契数列。

从一条茎上新长出的叶子的间隔通常约为 137.5°，这也符合黄金比。就是说，如果将一个圆周（360°）分成两部分，分别为 222.5° 和 137.5°，那么 222.5/137.5=1.64，这就是黄金比，因此这一角度也被称为黄金角度。如果你沿一条紧密环绕的螺线每隔 137.5° 放置一个点，呈现在你眼前的将会是两组螺线，一组沿顺时针方向旋转，另一组则沿逆时针方向旋转，沿不同方向的螺线数目通常是斐波那契数列中两个相邻的数字。向日葵的花朵展示了这一非常美丽的现象，大多数向日葵沿相对方向的螺线数目为 34 和 55（都是斐波那契数列中的数）。与植物相关的这类数字还有，菊花的花瓣数一般是 13、21 或 34，玫瑰花瓣的重叠方式则形成了 φ 的倍数。

鹦鹉螺壳、公羊角以及象牙的形状都形成了优美的螺线，数学家雅克·伯努利（Jacques Bernoulli）对此有所描述。甚至连飓风、涡旋以及巨大的星云也具备这样的螺线。在这种螺线上，当围绕它的曲率中心旋转时，曲率半径呈对数增大。对数螺线以如下方式体现了与黄金比的关系：如果你从一个符合黄金比的矩形中切掉一个正方形，余下的将是一个较小的矩形，仍然符合黄金比；在剩下的部分中再切掉一个正方形，得到的是一个更小的符合黄金比的矩形。这种模式被称为自相似模式，因为不管尺寸多大，所呈现出的几何关系是完全等价的。如果你将切分矩形的越来越小的正方形的顶点联结起来，将得到一条对数螺线（如图 9-2 所示）。

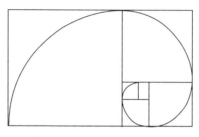

图 9-2 黄金（对数）螺线

注：黄金矩形的边长符合黄金比，从黄金矩形中切掉一个正方形，将余下一个较小的黄金矩形。这样的过程可以无限重复下去。将越来越小的正方形顶点相连接，将得到一条黄金螺线，而这种螺线也会出现在鹦鹉螺壳、公羊角、旋涡和星云中。

为什么植物、贝壳，甚至是飓风，都与这些数字和螺线相关？叶子沿螺线以黄金角度排列最有效率，新叶永远不会精准地位于其他叶子上方，因此沿枝条的空间被最大限度地利用。对黄金角度出现在自然中的另一种解释来自物理学。杜阿迪（Douady）与库尔特（Coulter）曾在一个场强为周边强、中间弱的磁场中，将磁性流体倒入硅胶盘子中，磁性颗粒既互相排斥，又受到磁场的作用，当达到平衡时，形成了相互之间以黄金角度相间隔的汇聚方式。因此看来，这种螺线形排列方式可以使系统能量最小化。新芽沿枝条以这种方式排列，或许是为了让相互之间为了争夺阳光以及来自枝条的养分而相互排斥的能量需求降至最低。类似地，在旋涡的形成过程中，或许以这种方式达到并维持一种平衡结构所需的能量最小。

现在来总结一下在数字的奇妙世界中的这次短暂漫游。比例 φ 是一个"无理"且美丽的数字，无论是整合还是分割，它都形成令人惊奇且美丽的数字组合，揭示了这个世界隐藏的规律。φ 与斐波那契数列有关，数列中相邻两数字的比值越来越接近无理数 φ；φ 与黄金角度有关，这个角度将圆周分割成两部分，两部分的比例等同于直线分割的比例；φ 与黄金矩形有关，这种矩形的特点是虽然尺寸不同，但却呈现出一模一样的几何特征，而这又与对数螺线有关。如果这些关联还不足以使你眼花缭乱的话，那么，它们还会在植物的叶子、花朵的花瓣、软体动物的壳、公羊的犄角、飓风的形状，以及星云的形状中呈现！

这些现象说明，数学是一种等待人们去发现的客观存在。数学从两种意义上说是客观的。第一，数学揭示出我们的物理世界的真相，给出了令人称奇的简单数量关系。牛顿发现了力等于质量与加速度的乘积（$f=ma$）；爱因斯坦指出能量等于质量乘以光速的平方（$e=mc^2$）。而这些简单关系早在进化出人类之前就存在着，即使没有进化出人类，它们也存在。第二，数学所揭示的关系无条件为真。2+2=4 为真，毋庸置疑，在任何情况下都是如此。$2\pi r$ 是圆周的长度，它在恐龙时代为真，在直立人行走世界时为真，即使将来我们拥有了个人喷气式飞行包，它将仍然为真。这些关系始终在等待被发现，为了发现它们，古巴比伦人、古埃及人、古希腊人、印第安人、阿拉伯人、意大利人等付出了世代的努力。

是什么成就了数学之美？正如数字 φ 那样，它的美在于揭示性。它简约、无须过多假设，带给我们深刻洞见、具有广泛适用性。欧拉恒等式 $e^{i\pi}+1=0$ 被许多数学家认为是最具有美感的定理。著名数学家、现代统计学奠基人之一的卡尔·弗里德里希·高斯（Carl Friedrich Gauss）曾经断言，如果你向一个学生讲授欧拉定理，而他却无法对其中的奥妙心领神会，那么这位学生就不可能成为一流数学家。不幸的是，我就不是一位一流数学家。为什么欧拉恒等式如此美丽？每一种基本数学运算——加法、乘法、幂运算——都在这里只出现一次；它关联了 5 个基本数学常数——0（相加性常数）、1（相乘性常数）、π（欧几里得几何与三角学中无所不在）、e（自然对数的底，在科学领域得到广泛应用）和 i（复数中的虚数单位，应用在几何学和微积分学领域）。它之所以美丽，是因为它的简约性和令人叹为观止的综合性。

于尔根·施米德胡贝（Jürgen Schmidhuber）重新诠释了数学之美，认为这在于其揭示了隐藏规律，在于它对数据的压缩能力。面对压缩的效果，我们会产生一种快感。过分有规律的事物不具美感，因为它们太过表面化；太过复杂且无规律可循的事物也不具美感，因为它们是混沌一片，使人无所适从。

除了它的客观性和等待发现之外，我们还可以从另外的视角来看待数学，那就是它是人类创造的产物。我们处理万事万物，总离不开与数字打交道，包括计算有多少只羊和制造计算机等。与人类的某些其他创造物一样，数学在某些方面也是美的。我们将会看到，大脑的某些特定部位专注于处理数字和数学关系。数字与语言有相似之处。我们使用字母符号，按照规则将它们组合在一起，组成单词，形成句子。在很大程度上，字母纯粹是一种符号，如何运用它们更多地取决于我们的心智结构，而非这个世界的结构。我们可以将单词和句子以某种方式组织起来产生美，同样我们也可以将数字组织起来产生美。

关于数学的神经科学，我们了解多少呢？头部左后顶叶受伤的人会产生计算障碍，他们甚至连简单的数学运作也无法完成。20世纪20年代，奥地利神经病学专家约瑟夫·格斯特曼（Josef Gerstmann）发现，患有计算障碍的患者同时伴有其他三项症状：手指失知症（丧失了对自己指头的感知）；不能区分左和右；书写困难。这不由地使人想到，这些症状同时发生，是因为它们共同构成了一个意义单元。可以想象，我们的手指之所以与计数有关，是因为我们使用10进制计数系统，而我们之所以使用这样的系统，也几乎可以肯定是因为我们的手指数量；我们还可以想象一条在空间上沿水平方向自左至右的数字轴线，很有可能，我们对数字的感觉与这种从左至右的空间布局有关；最后，书写所用的字母本身是任意的，但将它们组合在一起却不是任意的，需要按规则进行，这非常类似于将数字组合在一起。事实上，在阿拉伯学者将印度人使用的计数系统带到西方以前，欧洲主要使用的是罗马计数系统，用字母表示数字。大脑的物理拓扑结构遵从最大效率的设计原则，尽管很难用数学家满意的方式对这一点给出证明。将负责不同功能的区域进行某种安排，使它们共享基本功能，这似乎是一种合理安排。尽管格斯特曼所描述的症状可能不存在因果联系（例如，手指失知症不能并不产生计算障碍），它们仍有可能共享基本操作，这也正是为什么在大脑中它们的处理之间联系如此紧密的原因。

法国认知神经科学家斯坦尼斯拉斯·德阿纳（Stanislas Dehaene）在

他的《脑与数学》（*The Number Sense*）一书中强调，数字是知识的一种基本形式，它使我们有能力对这个世界进行解构。他说，这个世界充满了变幻无常的事物，进化压力推动了对事物进行高效量化的能力的发展。猿类和尚没有语言能力的婴幼儿具有粗略的量的概念，也可以做简单的加法和减法，例如 1+1=2 或 2–1=1 等。在辨识数字时，动物和人类均表现出一种"规模效应"。要轻松地区分两个较大的数，需要两数间有较大的差别，例如，区分 5 和 7 之间的差异就要比区分 35 和 37 来得容易。因此，动物和人类对数量都有一些模糊的表示方式，以便进行快速估算和比较。量的这种表示方式与精确的数字不同，精确数字是以我们的符号理解能力为基础的。通过功能性磁共振成像进行的研究发现，当人们对量做粗略估计时，在两个脑半球内的顶叶脑内沟都处于活动状态，而当人们进行数学运算时，无论使用何种计数体系，大脑的左顶叶下皮层均会被激活，说明抽象的符号运算编码就在这一区域。受伤会引起计算障碍的也正是这个区域。

你或许已注意到，这里关于数学的神经基础的讨论并没有涉及审美学。我不知是否有研究对数学的神经审美学进行过探讨，但是，基于我们针对美丽相貌和地形地貌的神经基础的了解，我们可否做出某种推测？我们推测，在大脑中，那些负责处理数字的区域中的神经元被激活时，将会与负责奖励的区域协同工作。当数字以符号表示时，大脑的左顶叶后皮层被激活；当数字只是以概略的量表示时，大脑两半球内的顶叶脑内沟都被激活；当需要处理数学关系时，顶叶皮层被激活，并与保存与处理复杂信息的背外侧前额皮层的某些部分协同工作。这些处理数字与数学关系的区域都会激活负责奖励的区域。要记住拉塞尔的话，数学之美是"冷峻和朴实无华"的，它所引发的快感一方面来自当我们观看美丽相貌与身形时所体验到的那种感受，另一方面来自对理解一个完美定理所产生的奖励。前者激发我们的欲望，而后者激发的却是一种喜好反应。喜好反应是一种奖励，但与欲望没有必然联系。在审美研究中，区分欲望与喜好之间的差别是非常重要的，接下来在对快感进行讨论的部分中，我们还会再次涉及这一问题。

为什么数字会带给我们某种形式的快感？回到快感驱动了适应能力的进化这一基本前提，问题就成为：数学所引起的快感能够给人类带来什么样的生存优势？按照进化理论，性选择与自然选择是仅有的两种选择压力，但数字似乎不会直接影响性选择。当然，如前所述，异性恋男性会认为腰臀比为 0.7 的女性很有魅力，毫无疑问，这是一个数字，但 0.7 这一数字本身并不具备任何固有美感，它仅表征了具有更强生育能力的身形比例。在进化过程中，数字之美所带来的快感必然是受到了自然选择的驱动。

数字带来的快感如何提高人们的适应能力？我所能给出的理由也只能是猜测。在更新世时期，人类肯定已经有了量化的概念，并且能够对未来事物进行量化的预测。面对一个狩猎环境，能够计算出它能提供多少猎物，是否满足族群需要，从而决定是留下来还是继续前行，这是非常关键的能力；根据可食用植物的生长情况来预测能采集到的果实量也是一项重要的生存技能。那些能够从数量、可能性、相关性等因素中获得快乐的人类，在评价当下并预测未来的食物资源，寻找庇护场所等需求方面更具有进化优势。

对数学的快感所带来的更加普遍性的进化优势在于，它让你在原本杂乱无章、使人头昏脑涨的信息中找到规律。在各种环境信息中快速找到一般规律，提炼出简约的数字关系，这是一项重要技能，它能够帮助早期人类发现隐藏在表面现象背后的结构关系，以适应环境。以我们祖先的心智能力，最终公式越简单，将越容易掌握、使用，那些能从数学关系中找到乐趣、对发现复杂环境中的潜在规律感兴趣、能够让复杂关系变得简洁的祖先们，将获得更高的生存概率。正是这样的祖先生存并繁衍了我们，所以我们才会在这些看起来枯燥无味的数学对象中找到快感。

第 10 章

美是不可理喻的

关于美的讨论，是从它的神秘性开始的。在我们的身边，美无处不在，我们被它吸引却不知其所以然。美存在于什么地方？是在客观世界中，还是在我们的大脑中？是只有一种美，还是仅仅是一种语言骗局导致我们将时尚模特和数学定理都称为美丽的？美到底是一种普世概念，还是一种文化概念？我们对美的感受究竟是一种如火激情，还是一种冷静思考？最为神秘的是，为什么会有美丽这种事情？或许，在经过了对人之美、地点之美、数学之美的简短讨论后，我们可以回答这些问题了。

我们既不能说美只存在于自然界中，也不能说她只存在于我们的大脑中。我们的心灵是这个世界的一部分。天长地久的进化过程塑造了我们的思考、感受和行为方式，对美的感受来自心灵与自然的相互作用。大脑的进化使我们对某些事物之美的认知具有普世性，这里的普世性，指的是人类共享的美感，同样的事物可以使大多数来自不同文化的人都能感觉到美。使相貌显得美丽的那些特征，如匀称、正常等，就具有普世的吸引力，即使是婴儿也会对这些特征做出反应，就好像他们确实能感知美似的。我们已经看到，大多数人对类似的地形地貌有所偏爱，如稀树草原，即使他们从来没有到过那里。

即使是普世性的美感，也会受到文化的影响。文化影响通常体现为对普世性感受的偏倚，或相互影响，或将普世性感受加以放大。异性恋男性对特定身形的女性的偏爱，就是文化与普世性相互影响的例子。作为普世性原则，男性认为腰臀比为 0.7 的女性特别有魅力，但是文化也影响着男性到底喜欢更丰满一些的女性，还是更苗条一些的女性。在贫穷国家或经济困难时期，男人偏爱体型丰满的女性；而在富裕国家或经济好的时期，男人会更喜欢苗条的体型。但不管是丰满的还是苗条的，他们总是更喜欢将腰臀比保持在 0.7 的。

文化的影响还常常将对美的普世性感受加以放大，这体现了峰值转移效应的作用，即通过将能够激发反应的某些特征加以放大来激发更强的反应。这样的策略是化妆品行业的重要驱动因素，无论是化妆品还是装饰品都在放大那些有吸引力的特征。类似地，无论是男性还是女性的美容手术，都会将那些人们认为有魅力的性别特征加以放大。健美比赛中的选手、印度教寺庙中的雕塑、芭比娃娃、连环漫画中的超级英雄，也无不以放大身体性别特征为手段。园林及高尔夫球场等人工场所通常也将有吸引力的那些环境特征加以夸张处理。

最后，场景也影响到我们对美丽的感觉。在讨论相貌与身形时，强调的主要是情色之美。但是，相貌之美能否切实抓住我们的注意力，受到我们所处场景的影响。正如前面所看到的，在某些场景下，例如当我们正在关注危险时，就不会对美貌与否有突出感受，因为场景影响了我们对相貌的反应。稍后我们将会看到，场景对于我们感受艺术也有显著影响。

当我们对人之美、地点之美、数学之美有所反应时，是否是因为同样的特征？在大脑中，对美丽的感受取决于我们如何处理对客体的感知、我们赋予该客体何种意义，以及该客体与我们的情感和奖励系统的互动反应。我们的大脑采用分而治之的策略对外部事物进行处理，视觉系统在大脑的不同区域处理各种视觉元素，例如色彩、形状、光线、运动等。这些元素被相互关联，形成一个整体，占据大脑的一席之地。相貌与地形地貌在视皮层的一些区域进行处理；而运动物体，甚至是数字，则在另一些区域进行处理。当我们以审美眼光观察特定客体时，大脑中特定区域被激活。相貌与地形地貌全然不同，在大脑中由不同区域进行处理；数学甚至以不具备可感知的明显特性被处理，它与可感知对象所体现的情感性的审美感觉相去甚远。因此，在处理层面上，对不同可感知对象的审美有不同的处理，不同客体的美不可能是相同的。

那么，对美的情感反应是否有某种共性？在下一部分，我们将仔细考察美带来的快感以及大脑奖励系统的本质。很可能，奖励是连续变化的，我暂且认为这种连续变化是在一个从火热到冷静的连续系统上进行的。火热端激发出激情，例如性欲、唤醒身体、产生快感；冷静端将唤起超然的快感，例如欣赏一个非常优雅的数学公式。因此，美的对象可能会以不同的方式激活我们的奖励系统。美不是一种单一属性，而是外部世界中对象的一组不同属性，它们以恰当的方式相容、相配，让我们产生美的感受。

既然我们把美精简成了一种单一特性，我们是否可以在进化中找到证据，指明一条将所有的美相统一的路径呢？首先，我们回顾一下进化的基本原理，并花些精力来纠正关于进化的一种不靠谱的说法。请看一下亚瑟·克丽丝特尔（Arthur Krystal）在 2010 年 9 月 10 日出版的《哈泼斯杂志》（*Harper's Magazine*）[①] 上发表的关于审美进化的描述：

> ……达尔文式审美偏好让我们觉得某些形状或声音相比其他一些更具有吸引力。简单说来，审美偏好是这样形成的：不管它们是什么，最早的人类肯定曾经被那些最有助于他们生存的因素所吸引。对这类因素的认知被编码在他们的大脑中，被后代所继承。因此，我们的审美偏好是感知和认知能力不断进化的结果。虽然现在美丽所激发的快感已不再是生存的基本要素，但它仍然在影响着我们对艺术和自然的体验。

在审美学的进化论解释中，这种表述抑或它的翻版很常见。然而，这样的表述却无法解释一个关键细节。如前所述，早期人类曾经喜欢那些有助于他们生存的东西，然后这种认知就被编码在他们的大脑中了。现在，即使这些东西已不再有助于我们的生存，我们依然会被它们所吸引，认为它们是美丽的。这种说法不能自圆其说。我很欣赏费城地铁的实用性，但我却并不认为它能比得上华盛顿地铁系统的美丽。为什么要认为有用的东西就是美丽的？这样的认知又是如何被编码植入大脑中的？有用的东西就是美丽的，这样的说法太过简单、太逻辑化，它忽略了关键一点，那就是我们究竟认为什么是美丽的，这毫无逻辑性可言。

[①]　美国有相当影响力的政治、文学刊物，内容包括政治时事、科学、艺术、文学作品和文艺评论等。——译者注

在进化过程中，美丽与实用如影随形，但实用并不会产生美丽。我前面引用的怪石柱的偏好很能说明问题。在不为人知的过去，某些石柱认为石帽美丽无比，另一些认为细腰最为美丽，还有的则认为柔软且带有曲线才是美丽。这里没有任何内在逻辑使得某种形式比其他形式更加美丽，会带来更多快感。但是，喜欢石帽的石柱会有更多子孙，因为它的生存能力比另外两种更强。于是，对石帽的偏好就会一代代传承下去，这种石柱所占的比例不断增加，而偏好细腰和曲线的石柱比例则会不断减少。"普世"偏好并不是一开始就带有普世性，但结局却是普世性的。对石帽的偏好并非产生于它的实用性或适应性，而是因为这种带来快感的特征碰巧具备适应性，从而生存了下来。而其他同样不具备任何内在逻辑，但也能带来快感的特征则因为不具备适应性而日渐式微，导致了适应性特征的日渐普遍。

　　进化适应理论并没有给出一个关于美丽的统一定义。人、地点、数学等对象的哪些特征被认为是美丽的，受到不同力量的驱动。对人的审美评价在很大程度上受性选择的驱动，而对地形地貌的偏好则主要受自然选择驱动。我们心智并不发达的祖先在处理、压缩大量信息时所获得的快感驱动了人类对数学的偏好，这又是另一种形式的自然选择。我们的审美偏好是诸多不同因素混合作用的结果，而不是将这些因素整合统一作用的结果。

美是一锅大杂烩，由一组不同的特征构成，可以激活大脑的不同区域，引发不同的反应，又因不同的原因而进化。美激发我们的情感、情

绪、意义。尽管美的对象具有实用性，是有用的，但他们的驱动力却是快
乐的。现在，我们已经准备好了，可以对快感这一古怪的事情进行仔细的
探讨了。

PART 2

第 二 部 分

快乐

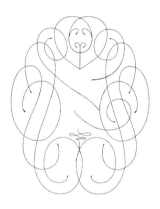

第 11 章

我们称为快乐的东西到底是什么

　　猫是享乐主义者，从它们身上我们可以学到很多。如果可以理解人类语言，猫肯定会认为"愧疚快乐"这种想法既荒唐又可笑。我的猫们一直都在尽情地享受着快乐：齐祖找到一片阳光，然后蜷缩其中，让暖意在自己的深黑色皮毛上弥漫开来；雷诺欢快地把背弓起来，揉着眼睛，肚子蹭着地面；沃夫对食物的味道很着迷，它蹲在灶台对面的台子上，眯着眼，嗅着从蒸锅里飘过来的香味。

　　和猫咪一样，我们的快乐也有许多，最基本的则来自食物和性。另外，让我们快乐的事还有很多：欣赏日落的美景、打赌赢了、打个盹儿、实现目标、欣赏音乐、跳舞、微笑和学习，等等。快乐会让我们在不经意间丧失理性思考。

　　能够带来快乐的事实在太多了，于是问题就产生了，诸如美是什么等类似的问题比比皆是。对所有快乐而言，是否存在一种共性的东西？在大脑中是否有一个快乐中枢？我们是否总能意识到自己的快乐？我们对快乐是否应采取放纵或谨慎、节制的态度？为什么有时候会乐极生悲？为什么有时候坏事也能给我们带来快乐？为什么我们会赞赏梅·韦斯特（Mae West）的调侃："状态好的时候，我很好；状态差的时候，我会更好。"

我们的快乐深深地根植于过去的进化过程之中。在那个时代，生育更多子女的人成了我们的祖先，他们从具有生存价值的行为中找到了快乐。我们通常都愿意接近那些能从中找到快乐的事物。即使像变形虫这种单细胞生物，也会受本能驱使接近和回避某些事物，它们会靠近自己需要的东西，远离有毒的东西，并以此对周边的化学环境做出反应。对所有能移动的生物而言，这是最基本的生存策略。随着生物变得越来越复杂，这种趋避策略逐渐进化成本能反应。就哺乳动物而言，接近与回避往往和体内平衡联系在一起，这是在变幻无常的环境中让自身内部环境（比如温度、水合作用）保持相对稳定的过程。除了这些最基本的生存功能之外，趋避行为逐渐进化、演变，以确保后代的生存。

快乐是一种重要的奖赏。心理学家将奖赏称作"正强化物"，它们反过来会促使人们重复那些能够带来奖赏的行为。食物、水和性是最基本的奖赏；钱和艺术品之类的东西则在次级奖赏之列。通过学习，人们从次级奖赏中也能够找到快乐。

在哺乳动物中，快乐能够让相关行为进一步强化，这种效果在我的猫身上体现得淋漓尽致。人类比猫更善于调整被快乐搞乱的大脑。构建自身的快乐是管控自己总想上网的一种方法。通过调整奖赏路径，我们可以改变自己相应的情感体验。宗教机构对人类的这一习性洞若观火，告诫我们对那些"基础性"快乐要提高警惕。建构的意思是指我们并非自身感知的奴隶，我们的认知系统能够深入自己的快乐中枢，并重新安排自己的快乐体验。关于这一点，我们将在讨论品牌标识和恋物癖的时候再做深入介绍。管控快乐的另一种方法是考虑时间的推移。如果在猫的面前放一盘食物，它们不会去想我经常会外出旅行，最好为以后的日子留出点食物；作为乐观主义者，它们不会去考虑以后的温饱问题。相反，作为年轻人中最聪明的群体之一，医学院校的学生们可以说是延迟满足方面的大师。为了收获未来的奖赏，他们宁愿牺牲充足的睡眠、有规律的进食和体面的收入。

接下来，我们将对不同类型的快乐进行一番审视，同时留意它们是如何与美和艺术联系在一起的。首先，我们来看食物。作为一种主要的快乐源泉，食物能够满足我们最基本的生存需要。食物带来的快乐深深地嵌入味觉和嗅觉构成的化学感觉当中。然后，我们转到性快乐方面。此时，感觉仍占据着支配地位，但获取的行为却很复杂，我们从不停演绎的浪漫喜剧和肥皂剧中便可略见一斑。

有些快乐既不是来自食物也不是因亲密爱抚产生的，接下来我们从因欲望得到满足而产生的快乐中转到这方面的快乐上来。我现在要谈的是金钱。尽管很抽象，金钱也会在很大程度上影响我们的行为。尽管金钱可能只是一块金属或塑料，但因它能够给我们带来所需的东西，所以它象征着快乐。金钱打通了挣钱与花钱之间的联系，从而开启了一扇窗户，让我们步入延迟满足的世界。把时间当成我们与自身快乐之间的一个楔子，这就是经济学家们所说的"远期贴现"的情形。其中的意思是，我们可以选择拒绝即时回报，因为我们期待未来会有更多收获。

最后，快乐与学习密切地联系在一起。为什么快乐有助于我们学习呢？从果汁与舌头之间的联系到我们对他人声望的判断等，神经科学方面的研究正在揭开一些有关我们怎样进行学习令人惊异的事实。

所以说，快乐来自很多方面，它根植于我们的感知当中，并能通过认知进行调整。我们既可以陶醉其中，也可以选择远离。我们对快乐的感受与对美的体验有关。后面我们将看到，这些快乐感受与我们的艺术体验也密切相关，只不过不太直接罢了。我们将看到，这些快乐在我们的大脑、行为以及最终在我们对美的体验中都意味着什么。

让我们先来关注重中之重的食物。

第12章

食物之美

"享用美味便是靠近上帝。"这句话是美国电影《今晚大事件》(*Big Nihgt*)中普里莫(Primo)发出的感叹。普里莫由托尼·夏尔赫布(Tony Shalhoub)扮演。意大利移民普里莫是一名厨师,做事执着,但他不得不去应付那些腓力士丁人,这些人总要求在他们点的海鲜饭里再加上点意大利面。普里莫并不知道,这种美食除了能够填饱肚子之外,还能够在大脑中引发一系列变化,对多巴胺、脑啡肽和大麻素受体进行调节,这些都是快乐的化学载体。

食物带给人们的快乐取决于我们的化学感知器官——味觉和嗅觉。化学环境中的梯度变化是最早期的信号之一,它能够驱使单细胞的纤毛生物游向营养物。之后,人类经历了几百万年,虽有数十亿个神经元,但仍要依靠我们的鼻子。我们的化学感官深入到我们自身大脑中的那些原始部分,它们直接通向处理情感和快乐的区域。尽管我们能够察觉和辨别几百种气味,但却难以描述它们。和其他感官不一样,味觉拒绝听从语言的安排。来自食物的美妙感觉集色香味于一身。甜、咸、酸、苦、鲜是主要的五种味道。经过进化，这些味道能帮助我们识别哪些食物能吃，哪些不能吃。甜提示了能量的来源；咸能够帮我们保持内部化学环境；酸能够让我们维持酸碱平衡；苦警示我们毒素的危险；而鲜（味精的典型味道）则为我们指向了蛋白质。从现实意义上说，嗅觉和味觉在告诉我们什么能吃，什么不能吃。

我们喜欢吃些什么，其实这是我们应该具备的基本能力。婴儿会用舌头舔食嘴唇上遗留的甜味，遇到带有苦味的东西时会紧紧把嘴闭上。到了三岁时，孩子们普遍偏爱一些味道，如草莓、绿薄荷、鹿蹄草的味道，但不喜欢丁酸（呕吐物或干酪）和吡啶（变坏的奶）的味道。尽管我们生来就喜欢某种东西，但这种喜好是可以改变的，甚至在胎儿阶段就可以改变。我们早就知道，胎儿在三个月时味觉的感知器官就开始发育了。在 B 超出现之前，人们将造影剂注入羊水用以观察胎儿的发育情况。如果将糖精放入造影剂中，胎儿的吞咽活动就会增加，如果在其中加入有苦味的东西，他们会停止吞咽。在这个时期，母亲接触的味道能立即通过胎盘传递给胎儿。胎儿这种早期味觉体验会在以后表现出来。与不饮酒的母亲相比，如果母亲在怀孕期间经常饮酒，其婴儿对酒精的反应就更强烈。与此类似，如果母亲在妊娠的第三个月进食过大茴香，所生的孩子更可能喜爱这种食物。更普遍的情况是，接触过多种味道的胎儿以后对食物的适应性会更强。

得过重感冒的人都知道，食物在舌头上不仅事关味道。来自食物的快乐取决于其味道，而味道则是一种综合了嗅觉和味觉的感知体验，十分复杂。尽管和一些宠物相比，我们的嗅觉还不够灵敏，但正如神经学家杰伊·戈特弗里德（Jay Gottfried）所指出的，人类通常对气味微量的感知也达到了十亿分之一。我们能够识别存在 1 个碳原子之差的有气味物质，并能够辨别数万种不同气味。有气味的物质进入鼻中的感觉器官并将信息传送给大脑，在一个被称作嗅球的结构中进行综合。在嗅球里，不同气味会引发神经中枢做不同形式的运动。接着，这些信息被转送到被称为梨状区的大脑皮层，由它将我们的内部体验与外部世界联系起来。梨形皮层的前部对化学特征进行调适，后部负责对气味特性进行调适。这里的化学特征，我指的是分子和气味的化学结构。梨形皮层的前部为我们闻到的外部世界拍了一张快照。至于气味特性，是指对信息进行加工并在此基础上产生对气味的感知。梨形皮层的后部反映了我们对这些气味的主观体验。这种解读可以通过接触有气味的环境加以改变。

信息通过嗅球传至大脑的其他部分，但在这一过程中，对信息基本没有过滤。视觉、听觉和触觉要经过大脑中的一个被称作丘脑的深层结构，而在到达大脑皮层之前，它们要先经过嗅球进行过滤。相反，味觉绕过丘脑抵达大脑皮层并直接进入快乐中枢。嗅球把信号传递给大脑的其他区域，比如前嗅核、嗅结节、杏仁体和内嗅皮层等。梨形脑皮层把信息传送至眶额皮层。

生产除臭剂的企业都知道，我们可以利用好闻的气味中和臭味。令人不愉快的气味可以激活后外侧眶额皮层（OFC），也就是我们所说的眶额皮层中线部。杏仁体的作用则不一样，它主要是对气味强度而非该气味是否令人快乐做出反应。杏仁体的这种反应似乎让我们朝两个不同方向运动：接近或远离周围环境中的气味。无论我们觉得喜欢或不喜欢、想靠近或远离某些东西，大脑中的这些部分都会相应地运转起来。

气味到达鼻子的感觉器官有两个途径，要么在我们吸气时直接到达，要么在我们咀嚼食物的过程中，味道经过咽喉的背部间接传导过来。这两种气味的感受有着很大差别。通过鼻子直接感知的气味告诉我们所处环境中的物体的情况，促使我们寻觅令人快乐气味之源，远离有臭味的东西。与之相反，味道告诉我们那些已经在自己口中的东西。不误读味道发出的信号，确保吃下去的东西没毒，对生存至关重要。

接受气味的间接路径对嘴里的味道体验很重要。来自口中食物的气味会与味道和其他一些感觉混杂在一起。在这一过程中，触觉在嘴里发挥了重要作用。冰激凌的凝滑、炸薯片的松脆、辣椒的辣、酒的浓烈等都是我们味觉体验的组成部分。

和气味一样，味道会直接抵达人的大脑。有关信息通过舌头上的味觉感知器被带到脑干中的不同中枢，然后再由它们将信息传递至脑岛、杏仁体、下丘脑和海马体。脑部的这些区域把味道和其他感觉与身体中的化学环境整合在一起。像气味一样，味觉奖赏经过编码并记录在皮层和腹侧纹状体。饮食是事关生存的基本因素，所以味觉奖赏是最基本的。用科学术语来形容，味道具有"内在价值"。

有人吃了太多比萨饼，浑身会感觉不舒服，觉得自己可能生病了，你遇到过这种人吗？他们不但觉得肚子撑得慌，而且对比萨饼的味道，或者一想到再往嘴里塞一片（当时）便觉得恶心。这种味觉和嗅觉体验清楚地表明，同样一种食物带来的快感会大相径庭。人们通过餍足感对气味和味道带来的快感进行了研究，并以此揭示了大脑的工作情况。例如，在其中的一项研究中，让被试分别在吃饱香蕉之前和之后去闻香蕉或香草的气味。一开始，他们对两种气味都很喜欢。另一个实验是，让被试喝番茄汁或巧克力奶直至喝饱。一开始，他们对两种饮品都喜欢。在吃饱或喝饱之后进行的实验中，人们会发现在眶额皮层中线部针对这种内在喜好的神经活动减少了许多，同时外侧眶额皮层（也就是当人们感到厌恶时才活跃的区域）的神经活动则会加强。因此，一个既喜欢巧克力奶又喜欢番茄汁的人，在喝足了巧克力奶之后，一见到巧克力奶，其外侧眶额皮层就变得活跃起来，见到番茄汁，其眶额皮层中线部就活跃起来。这个餍足感实验表明，皮层对愉悦和快乐的经历很敏感。餍足感是味觉和嗅觉特有的，因此我们在酒足饭饱之后仍能够再吃点甜品。这时，甜品吃得还不算多，眶额皮层中线部仍能够接受甜味并享受其带来的快感。

快乐可以帮助我们学习很多东西。正如巴甫洛夫（Pavlov）在 19 世纪 90 年代指出的那样，利用食物带来的快感进行联想是一种常用的传统方法。在训练的时候，他让狗在不同声音（比如铃声、哨声和节拍器的声音）与食物之间建立起联系。于是，这些狗会在吃到食物之前仅凭声音就分泌唾液，后来这些狗在没有食物的情况下也会流口水。这种学习效果称为"经典条件反射"。与难闻的气味相比，人遇到好闻的气味时，相应的面部表情能更快地被识别出来。鉴于食物对生存的重要性，其他感觉器官会紧随味道和气味而动，这也就没什么令人惊奇的了。其他感知器官对味道和气味产生的条件反射会让眶额皮层中线部活跃起来。这就意味着，原本并不令人快乐的感觉通过联想变得让人快乐起来，原因在于，这种感觉也能够激活大脑中的相同区域。

奖赏能够带来一种意想不到的特殊快感。舒尔茨和同事们在20世纪90年代做的一项实验表明，从大脑的奖赏系统释放出的神经递质多巴胺对这种意外快感至关重要。如果预期奖赏与实际奖赏之间存在较大差异，这时多巴胺就会被释放出来。针对意外奖赏，多巴胺会释放得更多。成像实验表明，多巴胺的释放与更多的神经中枢活动有关，而意外奖赏则与伏隔核有关。

除了自身的期待，吃、喝时所处的环境对相关体验也有重大影响。在这方面，塞缪尔·麦克卢尔（Samuel McClure）和他的同事首先提出了一份报告，介绍了相关的脑部工作情况。有人说自己喜欢可口可乐，有的人对百事可乐钟爱有加，其实两种饮料在各方面都很类似。在不告知品牌的情况下让他们喝下可口可乐和百事可乐，这时他们喜欢的那种可乐会引发眶额皮层中线部和机翻腹内侧额叶区活动的进一步增加。然后，设置两种情形：第一种是不告诉参与者喝下去的是什么；第二种是给可乐贴上"可口可乐"的标签。一旦告知自己正在喝的可乐品牌，人们的眶额皮层中线部便活跃起来，紧接着其海马体、中脑和背侧前额叶也开始活跃起来。我们可以推测，过去的记忆和认知是导致这些附加区域活跃起来的原因，而这些认知改变了眶额皮层中线部的神经中枢反应。关键在于，认知确实改变了他们的快乐体验，这些人并没欺骗自己。

其他实验印证并进一步拓展了麦克卢尔报告中所描述的快乐效应。如果标明一种气味为干酪气味，则该气味便归类于令人愉悦的气味并使眶额皮层中线部和腹内侧前额叶皮层活跃起来，如果标明是人的体味则不然。类似的情况还有，人们更喜爱他们认为昂贵的酒。与这种偏爱相伴的是更

多的眶额皮层中线部活动。这种前后效应并不仅限于实验室。就餐时，与
产自北达科他州的酒相比，人们通常对产地是加利福尼亚州的酒给予更高
的评价。有趣的是，当认为自己享用的是好酒时，食客们往往吃得更多，
就好像满足感从一处流到了另一处。

　　你也许认为来自食物和饮料的快感和痛苦严格遵循着某种组织形式。
我们已经看到，气味和味道直接进入我们的奖赏系统（见图 12–1）。与其
他感觉不同，丘脑并不过滤气味和味道，它们将抵达大脑中远离语言的那
些区域，所以很难形容。顺便说一句，这种解剖组织可能解释了普通人对
品酒专家的描述感到困惑的原因了。如果气味和味道不经过滤而直接进入
我们大脑中的奖赏系统，而且难以用语言形容，同时对生存又至关重要，
你会认为这一系统不会有太多的灵活性。然而，正如我们所看到的，我们
以往的经历、自己的期待和自认为了解的一切都会对食物带来的快乐造成
深刻的影响。如果来自食物的快感可以调适，设想一下，其他快乐也能加
以塑造，尤其像艺术这样与基本生存无关的东西。

　　食物能够精准地满足我们的快感。巧克力就是个典型例子，几个世纪
以来，它一直深入我们的快乐中枢。早在 2600 多年前，奥尔梅克和玛雅
文明时期人们就有消费咖啡的习惯。西班牙征服者在日志中不吝笔墨，详
细记载了玛雅人用咖啡豆、水、蜂蜜和辣椒制作咖啡的过程。巧克力能够
让人深入自己的状态。著名生物学家林奈（Linneaus）把巧克力称作"上
帝的食物"。

巧克力有很多益处，如果连续两周每天吃 1.4 盎司^①，身体中的压力荷尔蒙就会减少。巧克力中含有 350 种化合物，而这些化合物通过三种主要的神经递质系统即多巴胺、阿片类物质和大麻素来发挥作用，这些系统又构成了奖赏的化学基础。

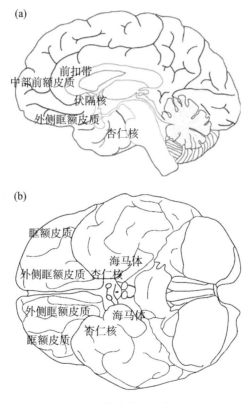

图 12-1　大脑内侧和腹侧图

注：所标识的区域对快乐和奖赏系统非常重要。

糖是巧克力最基本的成分，把糖视为营养源是我们与生俱来的本能。

———————————
① 　1 盎司 =28.35 克。——译者注

糖能够起镇静作用，最明显的例子就是在婴儿啼哭时往其嘴里滴几滴糖水。糖能够让缓解压力的脑啡肽系统活跃起来。可可碱和苯乙胺是巧克力中两种性质温和的兴奋剂，通过影响多巴胺和去甲肾上腺素系统来提升我们对感觉的刺激反应。最后，巧克力中还含有与天然花生四烯酸乙醇胺类似的化合物。花生四烯酸乙醇胺是大脑中的神经递质，名称来自梵语和印地语中的"anand"（极乐）一词，通过连接大麻素受体发挥作用。人在吃巧克力时所感受的快乐就是通过这一系统产生的。和正常状态的人相比，情绪低落的人能吃更多的巧克力，这对那些想得到一些东西以缓解压力、提振自己并感受一丝快乐的人而言，的确很有意义。

和巧克力不同，其他食物针对的是快乐中枢，让我们产生渴望，但有时还会带来不幸的结果。我所在的宾夕法尼亚大学医学院有一个合作项目，内科医生、医学院学生和其他医务工作者须抽出时间到位于博茨瓦纳首都哈博罗内（Gaborone）的马丽娜公主医院（the Princess Marina Hospital）工作一段时间。马丽娜公主医院是一家公立医院，几年前，我在那里工作了一段时间。在该院熟悉情况期间，我遇到一位到这家医院进行肥胖症流行病学调查的社会学家。我想她可能是在开玩笑，因为那时有四分之一的当地人都是艾滋病毒感染者，这是一个因"消耗型疾病"而步履蹒跚的国度。肥胖症研究就好比在沙漠地区研究水灾。然而，实际上是我错了。当地人做饭时，喜欢将糖果和饼干扔进混合了蔬菜的"pap"（一种玉米粥）和"Seswaa"（慢慢煮熟的肉，汤里放点盐）的传统饭食里一起煮。学校门口的货摊主向围在其四周的孩子们兜售糖果；西方跨国公司的垃圾食品充斥着哈博罗内的大街小巷。真正令人担心的是，一两代人之后，非洲撒哈拉以南地区面临的主要医学问题会从艾滋病过渡到肥胖症，随之而来的便是糖尿病和心脑血管病的频发。在这些疾病方面，上述地区很快会赶上美国的状况。在美国，三分之一的人属于肥胖，三分之一超重，而且数量仍在增长中。

为什么肥胖症盛行于美国呢？当然，久坐习惯会导致腰围增加；而遗传因素也在发挥作用。此外，面对压力时人们往往会找些吃食以获得慰藉。好吃的食物能够生成起到抗压作用的 β - 内啡肽。另一个导致肥胖的重要原因是，我们的食物就如同我们研制的导弹那样，已经越来越智能化了。如今，我们正面临被食物毁掉的风险。

垃圾食品充分利用了我们对糖和脂肪的追求。在更新世，人类祖先需要糖和脂肪作为维持生命的能量来源。糖和脂肪属于比较缺乏的资源，那些从水果和母乳等高能量食物中找到快感的人获得了适应性优势。作为一种直接的能量来源，对甜味的渴望是不言而喻的。那么，为什么脂肪也很令人向往呢？膳食性脂肪，尤其是欧米伽族脂肪对人类婴儿的大脑发育十分关键。新生儿自身携带的这类脂肪仅能维持三个月左右，所以人类婴儿需要从饮食中摄取，以维持大脑的正常发育。来自伦敦脑化学研究所（the Institute of Brain Chemistry in London）的迈克尔·克劳福德（Michael Crawford）推测，人类大脑进化到现在这种程度是早期人类迁移至海边生活之后才发生的，因为那里有丰富的海产品，能获得欧米伽族脂肪。对食物喜好程度的评判往往取决于食物中糖和脂肪的含量。例如，亚油酸能够提高味蕾对甜、咸和酸味的反应程度，脂肪提升了人们对食物的喜好和厌恶感。

几十万年前，人类为了生存四处找寻食物。如今，在世界很多地区人们已经丰衣足食，不必再像以前那样为食物奔波。在许多发达国家，高能量、低成本的食物触手可及。垃圾食品充分利用人类在进化中形成的对糖和脂肪的偏爱而大行其道，就如同人们对美感做出反应时所遵循的峰移原理那样。也就是说，先对刺激做出某种反应，然后通过强化其关键特征再去放大这种反应。垃圾食品让我们过度反应、大吃特吃，这对我们所追寻的真正食物而言不啻一种讥讽。

美国国家药物依赖研究所（the National Institutes of Drug Addiction）的诺拉·沃尔科夫（Nora Volkow）和她的同事们认为，导致肥胖和药物依赖的行为大同小异。相同的阿片类物质、大麻素和多巴胺受体推动着这些依赖行为。动物研究表明，大脑中涉及食欲的区域包括杏仁核、前扣带、眶额、岛叶海马体、尾状叶支和背侧前额叶等，上述区域也是药物依赖涉及的区域。

总之，在思考快乐时，食物是一个很好的起始点。很明显，食物与人的生存息息相关。长期以来，生物学一直围绕着进化展开，把关注点放在那些让我们正常发育和生存的事物上。味道体验是不同食物混杂在一起的结果。我们身体的机理让我们可以预期食物带来的快乐，或者在享用的那一刻体味其中的快感。来自食物的快感能够帮助我们做出新的联想。不同的快乐体验涉及大脑中的相似区域。快乐的感觉会因我们的体验和期望而发生改变。考虑到峰移原理，人们今天所处的环境与大脑进化过程中的环境迥异的实际情况，我们享受的这些快乐会给我们带来伤害。垃圾食品就是钻了我们对糖和脂肪等适应性欲望的空子。

下面我们将看到，支撑我们享受食物快乐的许多原则同样适用于另一种因欲望产生的快乐——性。

第 13 章

性

1985 年某一天的半夜时分，正值我在医院实习期间。那时，我每星期工作 110 小时左右。实习期间我每三个晚上要备勤一次，此间如果能够睡上一两个小时算是值得庆幸的事了。在繁多的"待办事项"中，我这次要做的是为一个患者埋置静脉线（管），而我对该患者的病况不是很了解。当我来到她的病房时发现里面一片漆黑，我心想着给她做静脉注射，然后再去看下一个患者。于是，我把她病床上的灯打开，然后轻轻把她唤醒。她看起来还算平静，于是我展开她的手臂以便找到血管。这时，她突然抓住了我的私处。

当时我在食欲、睡眠和性欲方面的状态都不在线，我知道她的行为并不是因为我的魅力，更不是要针对谁，而是出于燥热的欲望，她会去抓护士的胸部、实习生的臀部。当时，我还没到精神科实习，不知道她正在饱受克吕弗尔 – 布西综合征（Klüver-Bucy syndrome）的折磨。这种病以心理学家海因里希·克吕弗尔（Heinrich Klüver）和精神外科专家保罗·布西（Paul Bucy）的名字命名。他们发现，如果把恒河猴的前内侧颞叶切除，这些猴子会发生很大变化。它们开始变得平静起来，面对那些平时害怕的东西不再躲避；它们会变得"超级能吃"，什么东西都往嘴里塞，而且性欲过度。类似病症也会发生在人类身上。而那天夜里我遇到的这个患者，疾病已影响到了她的脑部，其位置就相当于布西从恒河猴脑部切除的那个部分。通过菌群培养和神经测试，我们从她的染病中找到了答案。她表现出了强烈的性欲，其实这是一种最极端的物种存续本能。

一直以来，人类对性都很关注。20 世纪 90 年代中期的一项全国性调查显示，有一半的男性和五分之一的女性每天至少有一次性冲动。在 20 世纪 70 年代的一项调查中，采访在一天中的不同时段进行，提出的问题是在过去的五分钟内是否想到过性。在 22 至 55 岁人群中，26% 的男性和 14% 的女性回答是肯定的。也许你认为这种嗜好仅是人类特有的，其实雄性恒河猴也爱看黄色图片。杜克大学的研究人员发现，雄性猴子会选择观看身后发情雌猴的照片，即使这意味着可能丧失水果奖赏。顺便说一句，它们也会观察地位高的雄性猴子。性和权力偏好已经根植于与我们类似的猴子的大脑器官中。

尽管性在相当程度上占据了我们的认知和情感空间，然而这方面的科学研究一直以来乏善可陈。类似的如金赛（Kinsey）、马斯特（Master）或约翰逊（Johnson）所做的突破性研究实属例外。也许，长期以来人们对此话题讳莫如深，制约了有关的研究开展；相关调查人员很容易被人贴上"变态"的标签。最近，尾曲·小笠（Ogi Ogas）和萨伊·加达姆（Sai Gaddam）通过网上两百多万人使用的检索项，对性欲望进行了检查和分析。在 4 亿个样本中，超过四分之一的检索项是与性有关的。尽管他们在研究中持谨慎态度，有关性的神经生物学知识还是在不断发展。有些研究文章类似于我们对食物的反思。

我们可以把性视为由几部分组成的一部戏。第一幕是欲望，然后是性刺激和性快感，最后一幕是尾戏，即性事过后的疲惫和惬意。就大脑对上述各阶段的反应情况而言，我们掌握的大多数知识来自对年轻异性恋男性的研究。这些样本在大学校园里大量存在，他们很愿意做性研究的志愿者。

我们会去接近自身所向往的事物，正如之前看到的那样，杏仁核会帮我们做这件事，对性而言也是如此。杏仁核能够激发动物的性反应，我们人类也是如此。男人观看含有色情内容的录像时，他们的杏仁核就会活跃起来。我们认为，这类活动能够唤起他们的激情，使其走向欲望的目标。在成功接近目标后，当性器官受到刺激，杏仁体就变得不活跃了。所以杏仁体的活跃与否是我们对欲望目标做出反应的关键一步，一旦我们接近目标，它就会沉寂下来。

神经递质多巴胺在我们的欲望中发挥了重要作用。脑柄把多巴胺送至我们奖赏系统的多个区域，比如腹侧纹状体（特别是其亚成分伏隔核）、杏仁核、丘脑下部、隔膜和嗅觉结节。正如我们之前看到的，我们对食物产生欲望时就会涉及这些区域；同样，当我们产生性欲时也会涉及这些区域。神经科学家伊扎克·阿哈龙（Itzhak Aharon）及其同事为我们做了展示，有异性恋倾向的男子会花更多精力观看性感女人的照片，这些努力往往与伏隔核中的更多神经中枢活动密切相关。可卡因和安非他命能放大多巴胺的作用并提高性欲。在性唤起过程中，丘脑下部的神经活动会增加，阿扑吗啡类药物会增加这种活动并作用于多巴胺受体；相反，安定类药物以及一些阻断多巴胺受体的抗抑郁药物会抑制性欲。

多巴胺会让我们产生性的意念，但不能因此达到性高潮。让深受勃起障碍困扰的男子服用阿扑吗啡，作为接触性感图像时的一种反应，他们大脑中的神经中枢活动会更加活跃，但快感并未增加。神经科学家能利用多巴胺在老鼠身上进行性欲控制方面的研究，但如此细致的研究在人身上却是不可能的。插入一只很小的导尿管，科学家们可以测量涉及奖赏的重要区域的化学环境。如果用栅栏把一只雄鼠和一只愿意接纳它的雌鼠隔开，那么雄鼠的伏隔核中就会充斥着多巴胺；如果让雄鼠与雌鼠进行交配，它身体里多巴胺的水平就会迅速下降。然而，如果这只雄鼠看见另一只雌鼠，它的欲望便会再次燃起，多巴胺的水平又会上升。

性的体验是如此销魂，难怪在性欲唤起时，大脑的许多部分都活跃起来了：脑丘、扣带回和丘脑下部开始行动起来。丘脑负责检测身体的内部状态并控制着我们的自主神经系统，包括心率、血压和排汗等；扣带回负责检测出错情况以便指导后来的行为；丘脑下部负责调整催乳素和催产素等荷尔蒙的分泌，使之进入我们的血液中。在常规的奖赏系统之外，部分感知皮层也在发挥作用。

正如你想象的那样，要了解性高潮时脑部的活动情况是很困难的一件事。我们从已掌握的很少的信息中得知，性高潮时男人和女人大脑的腹侧纹状体变得十分活跃。这些活动是可以预见的，因为许多研究表明，性高潮时，作为腹侧纹状体主要的一个亚成分伏隔核与快乐有关。有意思的是，脑部许多部位的活动都会在性高潮时降低。腹内侧前额叶皮层、前扣带回、海马旁回以及额叶的两极等部位的活动水平会降低。当我们考虑自己或有所担心的时候，腹内侧前额叶皮层就会发挥作用；当我们监控错误的时候，前扣带回便开始发挥作用；颞叶的尾部将我们对世界的认识整合起来，正如我们在讨论风景时所了解的那样；海马旁回代表了我们的外部环境。这些区域神经中枢活动的降低意味着什么呢？或许，这意味着某些人处于一种没有恐惧、无我或不考虑自己将来的状态。他们不去思考特定事物，身处一种状态，好似把自己与周边环境分割开来的边界已经消失了。这种活性缺失的情形应该是大脑处于一种纯粹的卓越体验状态，而这种体验以快乐为核心。

在法国文学作品中，人们把性高潮的释放描绘成"短暂死亡"。弗洛伊德认为，在爱神离开之后，性高潮为自我毁灭的本能打开了通途。这种死亡景象捕获的只是性高潮之后的困倦而非激情的满足感。这种满足状态很可能来自 B- 内啡肽、催乳素和催产素的共同释放。丘脑下部控制着催乳素和催产素的分泌。作为一种荷尔蒙，催乳素能帮助哺乳期的女人下奶，让人产生性满足感。至少对男人而言，在性高潮过后存在一段尚有些许性欲望的不应期，其中催乳素发挥着重要作用。考虑到伟哥在男人中间的热销，为抑制男人分泌催乳素以缩短不应期而开展的新药研制也就不足为奇了。催产素是一种荷尔蒙，与信任和融合感密切相关。在性方面，这是一种"亲密"荷尔蒙。有人用死亡隐喻来形容高潮之后的状态，他们忽略了内啡肽和催产素带来的炽热，除非这些人了解一些我们不知道的有关死亡的事。

当人们获得性满足时，其侧眶额皮层的神经中枢活动就会加强，这与那些酒足饭饱者的神经活动如出一辙。这一区域的神经活动会压制我们在冲动状态下反射性行动倾向。这一区域和前、中颞叶出现损伤会导致性欲亢进。要么因为欲望得到了满足，要么因为对欲望的反应给我们造成了麻烦，抓我私处的那个患者，其控制行为的脑部区域一定是出现了损伤的情况。

快乐不只是对欲望之物的简单反应。我们通过对食物的反应已经了解了这一原则，它同样也适用于性。接触目标时所处的环境会让我们的主观体验发生很大的变化。比如，疼痛能够变成快乐。在性欲被唤起之后，女性的痛感门槛更高一些。一般来讲，性刺激会让这一门槛提高 40%，在接近或处在性高潮期间会提高 100%。尽管发生了上述疼痛变化，这种感觉其实并没减弱，而且还会激起情欲。换言之，这种强烈的感觉并没让人觉得疼痛。性唤起时，大脑中的丘脑和前扣带回处于活跃状态；而当人们感到疼痛时，这一区域也很活跃。令人惊奇的是，人在经历疼痛和性高潮时的面部表情都很相似。这时，人们仍能感知那些带来疼痛的感觉，但会令人快乐。

大脑既能够保持疼痛的性唤起特征，又能够祛除不愉快的感觉，它为什么会有这种机理呢？该机理的适应性作用或许会重构分娩时的痛感。把分娩时来自产道的刺激的疼痛降低到最低程度，对女人再次分娩来说是件好事。这种适应性机理解释了为什么性交时本应感到疼痛的刺激反而会让人感到快乐。这种感觉很强烈，而且在性唤起时并不令人厌恶。在进化过程中，这种有利于生育适应性的机理演变成了一种娱乐行为。

快乐有助于我们的学习。对动物而言，食物和体液通常是某种奖赏。

食物可以和一些中性的事物联系起来，让巴甫洛夫的狗对着铃声和哨声流口水。同理，性也可以与某种中性事物联系起来。这种联系是恋物癖形成的一种方式。20 世纪 60 年代，研究人员曾让男青年翻阅脚蹬高跟鞋的性感美女照，此后，这些人发现高跟鞋也很性感。受性荷尔蒙的影响，我们的大脑和行为在青春期逐渐形成，此时，这种性与中性事物之间的联系尤为强烈。这种现象部分解释了为什么在有些人看来恋物癖让人难以理解的原因。如果不曾有过把性快乐与某种物品联系起来的经历，你自然会对所恋之物的这种内在的中性特征感到不可思议。

利用性快乐进行学习有其不利的一面。医学治疗史曾有过为一些十分令人不安的治疗目的而采用此类学习方法的记录。我要讲的这段故事虽有点远离本章关注的要点，但我还是觉得有必要说出来，且当作一种职业忏悔吧。"Anhedonia"是快感缺失的医学用语，这种症状常见于一些精神类疾病，比如抑郁症和精神分裂症等。20 世纪五六十年代，研究人员在引发激情的神经基础方面取得了长足进步，他们发现，用电或化学方法让大脑边缘系统内部深处活跃起来就能够产生强烈的快感。研究人员很可能对伏隔核进行了刺激。这种刺激能从多个维度让人极度兴奋。精神病学家罗伯特·希斯（Robert Heath）曾利用这些刺激疗法来缓解患者的快感缺失问题。作为生物精神病学的早期倡导者，他深信多数精神类疾病都有其生理上的原因，这种看法后来才逐渐流行起来。另外，他还认为，刺激疗法也能够用于对同性恋的治疗。

对于性和快感，我们能说些什么呢？很清楚，性快感在最基本的方面是能够自我调适的。性的享受确保了我们的更新世祖先生育后代。他们无从选择在实验室里制造婴儿。和食物一样，这种快乐系统会产生不同的内容，如欲望以及为满足欲望去采取行动并享乐其中；同时有一些系统能够停止我们的性行为。有些事物并非天然就能够让人产生快感，而快乐却能够帮我们学习并形成对这类事物的情感纽带。最后，性快感可根据不同情况而发生改变。如果掺杂了负罪感和羞耻感，痛苦的事儿能变成快乐的事儿，反之也一样。与食物一样，最基本的性快乐具有延展性。这些体验很微妙，这一现实在我们思考对美和艺术的反应过程中发挥着关键作用。同样，美的邂逅也能够根据不同场景，以及我们对这种邂逅的体验而发生根本性改变。

快乐并无规律可言。恋物癖的例子告诉我们，快感很容易与某种事物联系在一起，当然也包括金钱在内。不久前，我在佛罗里达西棕榈滩的一家高档意大利餐厅享用了一顿精美晚餐。棕榈滩是美国最富有的社区之一，我这次前来是为了参加宾夕法尼亚大学医学院的募捐活动。几个教授向一批超级富有的听众简短讲了几句，希望他们从中了解些东西，愿意掏钱给予支持。该活动在这顿大餐中落幕。坐在我左边的是个精干老头，大约 70 岁左右；与他相伴的是个满身珠光宝气的女人，大概比他小 25 岁左右。这位老人很健谈，发现我对美学很感兴趣，于是我们聊了起来。他谈了多年前自己涉足绘画、与画家费尔南德·莱热（Fernand Léger）之间交往的一些往事。我跟他说自己准备写一本有关美学的著作。听着我的介绍，他靠近我说："如果想让作品畅销，一定要在性方面多着些笔墨。"本章和谈论金钱的下一章就是在那位精干老者启发下写的东西。他知道，性和金钱紧密结合在一起。至于有多密切，那便是下一章要讨论的话题之一。

第 14 章

金钱

"钱、钱、钱！"那男人激动地大声叫起来，所有的用词就这一个字。当他生气的时候，他会冷不丁冒出一个"钱"字，好像那就是个诅咒；当他害怕、高兴或悲伤的时候，他也会用这个词表达情感。此人就是20世纪90年代宾夕法尼亚大学医院神经病区的一位患者。此前，他左脑发生大面积卒中，此后就基本失去了语言能力。他让人们想起最知名的精神病患者之一 TAN 的病况。精神病学家保尔·布罗卡（Paul Broca）1861年的报告显示，TAN 的真名叫莱波尔涅（Leborgne）。之所以叫他 TAN，是因为这是他能够发出的唯一一个音节。他此前曾经因大面积卒中影响其左部大脑的功能，这就是岗哨病例。对人类来说，这会引发语言侧化①。像我们身边的富豪一样，TAN 用一个"钱"词来表达自己的多种情感。自1861年以来，人们已经观察到许多这类病例。患者通常只能够说一两个词，或者仅能发出一些毫无意义的音节。类似莱波尔涅和我们医院的这些患者，都丧失了大量词汇的使用能力。作为抵抗脑部损伤的成果，他们的大脑中

---

① 语言侧化是指语言功能主要集中在大脑的一侧半球执行的现象，即大脑半球功能侧化。——译者注

只留下硕果仅存的几个词。我们的患者是一名银行家还是财务工作者，这一点我也不清楚，但"钱"这个词深深地印在他的脑海中。鉴于该患者的情况是一个极端病例，所以"钱"也深深地印在我们的头脑里。

讨论快乐这一话题时，我为什么要提"钱"呢？钱和我们的欲望没有直接关系，一般情况下我们吃饭和做爱不需要花钱，它看似一种抽象物。长期以来，经济学家认为，我们在做花钱决定时是理性的，尽量少花钱、多办事。此外，他们还认为，我们知道自己喜欢什么，而且这种喜好会保持稳定。鉴于这种认识，我们就按逻辑做出决定并认真去执行。我们能够识别相关信息并准确判断形势。如果这就是对我们与金钱之间关系的准确描述，我们就会有兴趣将其作为衡量快乐的一项标准。因此，金钱就成了衡量我们在多大程度上愿意花钱去获取食物和快乐的一种形式。

然而，我们和金钱的关系其实要复杂、有趣得多；钱与我们对快乐的讨论密切相关。其实，多数人在花钱方面是不够理性的，至少有两个原因。首先，很多人在花钱的时候总是想当然，并未仔细斟酌。很多情况下，我们做决定时都会利用快速和不光彩的捷径。这些捷径或许是进化而来的，因为它们对我们的祖先是有用的。其次，不管是正面的还是负面的，我们的决定都带有感情色彩。

挣钱时喜形于色，赔钱时垂头丧气。这种感受解释了金钱会让我们处于一种状态的原因，也就是我们要去想象一下，从放弃我们直接的欲望中感受到快乐的某种情景。我们从金钱身上找到快乐了吗？在神经活动层面，由金钱引发的快乐与我们从食物和性上获得的快乐有相似之处吗？在更详细探讨为什么我们会远离快乐这一问题上，金钱也为我们提供了一个路径。就像我们对食物和性的感受一样，的确存在"引导行为"的情况，它需要进行调节。金钱能提供条件，让我们在即时需要与以后的奖赏之间进行选择。

如今，神经经济学是个很时髦的研究领域。了解大脑的工作原理能够让我们知道在有关钱的问题上人们是如何做决定的，而且有望指导我们做出更合理的决策，科学家对此持乐观态度。与讨论相关的第一个问题是，金钱本身能够带给我们快乐吗？为什么？钱就是一张纸、一块金属或银行记录的一笔数字。如果想要在墙上挂一幅画，于是我们拿起一把锤子，这时锤子带给我们的快乐并不明显，它只是一种有用的工具。如果在我们拿锤子的时候对我们的大脑进行扫描，大脑奖赏系统的神经显现，它们对此并不介意。金钱的情形则不一样，它能够激发我们的奖赏系统。

和性一样，金钱能够让脑中的一些系统在收钱之前活跃起来并激活让我们收钱的时候产生快乐体验的系统。实际上，金钱是一种强奖赏，甚至让我们一看到钱便下意识激活大脑里那部分奖赏系统。在研究室里，当人们在挣钱游戏中真正拿到钱的时候，其腹侧纹状体和眶额皮层中线部的部分区域就会活跃起来，甚至在预感到钱要到手时也能够激活其腹侧纹状体。相反，前额叶皮层中部的活动似乎会沿着收钱后的反应路径进行。

此外，快乐和无痛苦、无损失密切相关。在我们大脑中，因痛感和损失引发的活动在快乐区一点也不少。正如我们从食物和性方面看到的那样，脑部的其他结构会主动把痛苦和厌恶记录下来。当我们丢钱的时候，这些结构就会热闹起来。当我们经历风险和不确定性时，大脑中能够记录厌恶感的结构（如前岛叶、侧眶额皮层以及部分杏仁核等）就会活跃起来。就如我们之前看到的那样，当我们吃饱喝足的时候，我们的大脑侧眶额皮层就会变得更活跃。在这种情况下，同样的口味变得不再那么令人快乐，有时甚至让人反感。前岛叶与我们的自主神经系统紧密联系，在我们感觉恶心时开始活跃起来。这种激活与脑部的"恶心反应"相关联，也就是来自内脏对腐臭食物这类东西的排斥。人们在金融交易中产生厌恶感时，这些结构似乎也会活跃起来。

用于提前感知快乐的神经回路不同于记录快乐体验的回路，而后者和我们依据自身欲望而采取行动时所用的回路也不一样。面对食物、性、金钱等不同类型的奖赏时，预期、享受和行动选择是否会涉及同一神经结构目前尚不清楚。多数研究表明，人在经历不同类型的快乐时，眶额皮层中线部就会活跃起来。法国神经科学家们在研究中发现，不论奖赏类型（此处为金钱和性挑逗影像）如何，大脑的腹侧纹状体、前岛叶、前扣带皮层以及中脑都会对主观性奖赏进行编码，表明来自金钱和性的快感编码位于脑部的相似区域。然而，在眶额皮层的另一部分，他们发现收获金钱时会在大脑的后期进化的部分引起活跃；而色情影像则会在较早进化的部分引起活跃。也许，来自金钱的这部分快乐是新近发展而来的并在脑部的某些区域进行编码，而上述大脑区域多存在于多数灵长类的大脑中，但在更早期的哺乳动物中是不存在的。

在获得食物和性这类最基本的快乐时，大脑的某些相关区域会随之活跃起来；为什么金钱也会使大脑的类似区域活跃起来呢？20世纪70年代后期我在哈佛大学医学院读书，那时我很喜欢玩弹球游戏。我和朋友们经常晚上在图书馆学习结束后去玩这种游戏。大家都去争夺场地，有时候我们称之为"快乐盘"，将其视为一种快乐。我们中的大多数人这么早、这么频繁地体验到金钱与快乐之间的联系，以至于金钱本身成了快乐的标志。钱与快乐之间的关系类似于巴甫洛夫的狗与食物，或性感图片与让人迷恋的高跟鞋之间的关系。韦氏字典把恋物定义为某种被认为具有魔力的事物，或者导致非理性崇拜而不能自拔的物体。

心理学家丹尼尔·卡尼曼（Daniel Kahneman）和阿莫斯·特沃斯基（Amos Tversky）深刻地影响了我们对经济学的思考。卡尼曼获得了诺贝尔经济学奖，而特沃斯基因英年早逝与之擦肩而过。他们的研究宣示了行为经济学的诞生，揭示了很多情形下人们的非逻辑行为。人类身上存在着各种能影响决策的偏见，这其中就包括金融方面的决策。为了说明金融决策的情况，我们来看一看作为操纵大师的金融机构。在这里，我指的并非华尔街上那些大而不能倒的金融机构，我要说的是拉斯维加斯和大西洋城那些不可能失手的赌场。

如何设计情景会对相关的情感体验产生深刻影响？甚至在所提供的实际信息完全一样的情况下，赌场和多数广告商仍对设计人们进行选择的动能情有独钟。比如，人们也许更愿意购买一张中奖率为 10% 的彩票而不想买一张赔率为 90% 的彩票。赌场做广告时总会强调获胜机会，避而不谈赔率可能更大的事实。赌场总在强化待在度假胜地以及你能得到的各种折扣，好像它们免费给你似的，而实际上我们在为其"殷勤"付出。

开赌场的人都知道，作为社会性动物，我们的满足感在很大程度上取决于相对于其他人的结果。在给出的以下两种情形中，人们好像会做出合理的选择。设想一下，我们排好队并有机会到柜台拿到现金。一种情况是，你得到 100 美元；另一种情况为，你得到 150 美元，而排在你前面的人会拿到 1000 美元。尽管在第二种情况下能拿到较多钱，但多数人还是会选择第一种情况。基本需求一旦得到满足，人们更关心的是自己在群体中的相对位置而非一些有关奖赏的绝对衡量指标。认识到这一点，开赌场的人就会根据下注情况对参与者进行分类，他们不会考虑有谁因自己赚了150 美元而旁桌有人刚赚了 1000 美元而郁闷。

此外，赌场还会尽量淡化被社会心理学家所说的那种禀赋效应。禀赋是指，相比手中没有某种东西，一旦拥有我们就会赋予其更多的价值。赌场想让我们看低手中金钱的价值，这样我们就不会太担心失去它们。要想理解禀赋效应，我们可以考虑下面这种情况。把几个人分成两组，其中一组免费提供一只大杯子，另一组免费提供一支钢笔，两个物品具有相同价值。然后，两个组可选择交换手中的礼品。这时有人想要杯子，有人想要钢笔，于是人们通常会认为很多人愿意进行这种交换，但实际上想交换的人并不多。一旦拥有某样东西，其价值在拥有者心中往往就会得到提高。一些研究表明，对自己拥有的东西，人们往往高估其价值，有时甚至高达买家愿意支付价格的两倍之多。金钱就有这种效应：如果钱在自己兜里，那就是自己的。我的猜测是，对于为某一国家专门设计的货币这类有特色的东西，其禀赋效应会更明显。纸币的外观很美，人们在设计时倾注了大量心血。很多人觉得本国货币比他国货币更美观。美国人往往觉得外国货币上的颜色太俗气，而其他国家的人则觉得美元太过单调，不同面值的美元都是一般大小，颜色也相同。我们把手头的现金当成一种审美之物而非一张象征性的交换手段，对其赋予的价值超越了它能够购买的商品和服务的价值。因此，我们不愿把它给出去，如果给出去，我们会感到难过。

　　人都憎恶失败。我的搭档莉萨·桑特尔（Lisa Santer）不喜欢玩对抗性游戏。其实她很聪明，竞争力也强，玩游戏的时候她多数情况下也会赢。与赢相比，她更忌惮输掉比赛。因此，但凡有一点失败的可能，她都避免参与其中。其实，不论竞争还是交换货物，我们都在不同程度上厌恶失败，这已经根植于我们的大脑中。一般来说，人们对失败的厌恶程度是热衷于胜利的两倍，这让多数人本能地偏于保守。我们越珍视某种东西就越怕失去它。

　　总的来说，赌场和企业在遭遇损失的时候都会尽量掩饰这种痛苦。当我们支付现金时，我们确实把属于自己的东西给了出去；如果用信用卡支付，那张卡还会回到自己手里。与使用现金相比，使用信用卡时我们更愿意为购买某个东西花更多钱。虽然人们倾向于使用信用卡有财务上的因素考虑，但相比现金，使用信用卡的金融优势不足以解释更多人愿意使用信用卡的原因。

　　当成本被掩盖时，人们为相关服务支付得更多，这方面的例子有很多。对公用设施、电话和健身俱乐部的统一收费服务，人们往往过度购买。这种统一收费让人在不考虑额外成本的情况下享受服务。同样，人们喜欢一揽子交易，其中有些部分被说成是"免费"的，尽管这种标榜本身并没什么意义。赌场和度假村往往充分利用全包服务的收费方式，让人觉得它们做出了某种牺牲，而花钱的其实是消费者自身。在这种情况下，航空公司里程积分或度假中心消费币这类专用的抽象货币便粉墨登场，用以隐藏付钱时的痛苦。赌场的筹码也在发挥着相同的作用。相对而言，赚取筹码并非那么有趣，也不会太显眼，因此能把禀赋效应降到最低。随着价

值感的降低，当晚上结束时，我们不会因手中的筹码比进门时减少了许多
而感到那么难过。

很多企业已经变得很善于隐藏成本了，这些成本甚至连那些金融机构
自己也试图想把它们隐匿起来。2008 年的金融危机就是诸多复杂的金融
衍生品隐藏了损失风险，让华尔街放任自己日益加剧的风险行为。就像瘾
君子那样，华尔街为追求高收益置风险于不顾。正所谓"出来混早晚都
要还"。

赌场的环境设计就是鼓励我们做非理性决策。许多神经科学家认为，
多数决策可以归结为三类：巴甫洛夫型、习惯型和目标指引型。重要的
是，这些决策可以共同作用，从而强化了我们的行为和工作的不一致性，
让我们处于困惑之中。巴甫洛夫型决策具有反射性，同时也是无意识的；
习惯型决策很复杂，需要通过学习才能获得，经过一段时间也会变成自发
的行为；目标指引型决策也很复杂，往往要经过深思熟虑。至于这些系统
的细节以及它们之间相互作用的情况，科学家之间尚未达成统一的认识。
然而，我们会自动做出反应或在深思熟虑后再做出反应，此外，我们还会
在情感和逻辑支配下做出决策，这些都是事实。赌场希望我们做出自发性
或情绪化的决策，不愿看到那些经过深思熟虑、符合逻辑的决定。这些人
要营造一种局面，让我们满怀希望一直玩下去，不断地输钱。

"在一个地方实现全部愿望"，这是哈斯（Harrah）赌场网站公告里的
一句广告词。赌场为赌客们准备了大量奖项和很多廉价、丰富的食品；在
赌博区安排了衣着暴露的服务员，提供酒精类饮品，意在"润滑"我们；
性工作者也常混迹于此。在一种令人愉悦的环境中，赌场让人对事物产生

巴普洛夫反射性和自动反应。巴普洛夫的选择通过杏仁核及其与伏隔核和下丘脑之间的联系表现出来。正如我们之前看到的，这些结构位于大脑深处，因此我们没意识到它们对行为方式的影响。结果便是，在通常情况下我们甚至没意识到自己的决定正在受到巴甫洛夫反应的影响。

赌场鼓励人们的习惯性行为，其手法就是将这些行为与巴甫洛夫反应联系起来。顾名思义，习惯性行为来自我们在长期学习中形成的重复性行为。比如，我们每天沿着固定路线开车上班，我们会做各种决定，如加速还是刹车，或转弯还是直行等。这些决定有自发性，常游走于意识的边缘。学会做这些决策需要花些时间，一旦学会了就会坚持下去。

巴甫洛夫反应和习惯性行为之间会有互动作用，这种作用有的时候是有益的，有的时候是有害的。有强迫症的人总要重复某些动作，以缓解焦虑并带来些许快感。在其他情况下，通过对环境的营造可以强化巴甫洛夫反应和习惯性行为之间的联系。见识过别人玩老虎机的人一定知道我指的是什么。那些反复扳动若干台老虎机操纵杆的人就具备这类焦虑行为的典型特征。扳动操纵杆的习惯与那种以不可预知的、充满噪音的现金奖赏相得益彰。老虎机与习惯性行为和巴甫洛夫反应完美结合，让人们一直玩下去，没完没了。难怪我们把这种让人成瘾的行为称之为"一种习惯"。

在其他情况下，我们也能够看到巴甫洛夫反应与习惯性行为之间的互动。信教者在祷告或举手转动经轮时，习惯性行为很可能就和宗教的入定状态结合起来了。现实生活中，运动员一直以来都在结合这些系统。多数职业篮球运动员在投球线投篮之前都会有一些特殊的习惯性动作。球员有时能投中，有时又投不中，从而让这类仪式化行为继续下去。

很明显，赌场在充分利用决策行为中的前两种行为；尽管如此，他们对目标指引型决策了然于心，也会加以操纵。除了食物、性和强迫行为带来的机会之外，赌场也会为深思熟虑者提供赢钱的机会。玩 21 点要有战略性决策，其中的每一个决定都要建立在相关信息的基础之上，比如已经出过哪张牌、如何判断对方手中的牌，等等。这种玩法要涉及目标导向行为。通常，这种目标指引型行为比巴甫洛夫反应和习惯性行为更灵活。我们会通过目标指引型的决定对形势进行评估，并根据情势需要做出改变。这个系统容易受意识的影响。通常我们会为自己的选择找到理由。该系统利用额骨回路并激活侧背纹状体、岛叶、前扣带和眶额皮层等区域。由于在这一区域中的部分区域涉及痛感和厌恶，因此在做出"合理的"成本-效益决策时，该系统本身会把负面的情感因素考虑在内。

目标指引下的慎重行为是最有可能做出理性选择的行为。然而，21 点的例子说明理性在指导行为方面也有不足之处。在赌博游戏中，输赢结果往往对赌场有利，其实这也不是什么秘密了。赌客们都知道，玩的时间很长了以后，如果他们不数牌，就会输钱。然而，这些人还是通宵达旦地玩，为什么呢？原因在于，即便在这种情况下，赌场仍会充分利用我们行为中根深蒂固的非理性偏差。

即使获胜的情况并不经常发生，但赌场却设法让赌客获胜的快感最大化。实际上，他们充分利用了这一现实，即获胜的情况并不常发生。行为主义是 20 世纪上半叶心理学的主导研究领域。作为该学派的主要倡导者，B.F. 斯金纳（B.F. Skinner）就奖赏对行为的影响进行了研究。他的基本观点是，获得奖赏的行为将导致条件反射，而且人们会不断重复上述行为。

这种情况显而易见。然而，增强型条件反射的有趣之处在于，相对于每次都能够通过某种行为获得奖赏的情形，如果我们的行为能够带来时断时续且无法预知的奖赏，那我们会更经常重复这种行为。也就是说，如果我通过做某件事能断断续续并在无法预知的情况下获得奖赏（比如申请联邦研究资金），相比我每次都能够获得奖赏的情形，我很可能对前面的行为更坚持不懈。这种时断时续的强化安排，对于老鼠在实验室里扳动杠杆，以及人在赌场里扳动操纵杆的场景最为明显。

赌场想让我们做出缺乏远见的决策，换句话说，想让我们采取巴甫洛夫反应或习惯性行为，就要远离目标指引行为。在短期和长期效果之间的权衡就是心理经济学家所说的"贴现函数"，它被用于描述当下所获奖赏与未来所获奖赏之间的相对价值。你会接受今天的 10 美元而放弃一个月之后的 20 美元吗？对此，每个人的选择不尽相同。我在纽约大学的同事乔·凯布尔（Joe Kable）和神经学家保罗·格利姆彻（Paul Glimcher）发现了相关的神经活动与腹侧纹状体和腹内侧前额叶皮层与贴现函数有关。有很多人（比如医学院的学生）往往会延迟他们的奖赏。性格冲动的人倾向于获取短期奖赏，而赌场就是要让我们变得冲动起来。

一种让人变得短视的方法是尽量耗尽其审慎的目标指导系统。深思熟虑以及考虑问题时的灵活性会带来某种代价，也就是疲惫感。如果让人记忆简单的两位数序列或难度更大的七位数序列，这时我们就能够从这项实验中看到疲倦的效果。然后，让参加实验的被试走进另一个房间并准备下一阶段的实验。在此过程中，他们走过一张上面摆着水果沙拉或几块蛋糕的桌子。相比另一组的人，记忆了七位数序列的那一组更可能直接拿走蛋糕。这时，审慎系统需要休息一下，他们（巴甫洛夫式）对糖和脂肪的欲望占了上风，不会去考虑在不饿的时候摄入这些热量是否值得。

在很多情况下我们会变得短视起来，比如疲劳、喝醉或情绪激动的时候等。对一件事的渴望往往会引起对另一件事的向往。渴望毒品和金钱的时候，瘾君子们变得更冲动。燃起性欲的人在花钱方面变得短视起来。最后，审慎系统的作用是思考如何收获将来的奖赏。有些理论家认为，我们会设想自己将来的情感状态并以此指导今天的决定。其背后的逻辑是：我考上医学院，再经过多年努力工作，最后过上受人尊敬、既有意义又衣食无忧的体面生活。当然了，如果去追求美好的未来，这种做法才有意义。赌场想让我们一直参与其中而不考虑以后的事情。玩的时间越长，输的就越多，因为胜负的概率对赌场有利，越是殚精竭虑，就越疲惫。赌场通过明亮的灯光和音响调动情绪，让我们不停地玩下去。赌场内从来都不摆钟表，尽量不让人知道外面的环境。结果便是，赌客们不知道时间已经过了多久，他们已经忘记了自己的自然节奏，顾不上休息，一直玩下去。赌场安排那些既性感又周到的服务员提供酒精饮料，让客人们情绪饱满，以便长时间地玩下去，让他们变得冲动起来。"拉斯维加斯发生了什么，应该待在这儿"，这条亮丽的标语充分利用了不计未来的憧憬。到拉斯维加斯一游承载着一种奇妙的幻想，让我们的余生从压力中解脱出来。实际上没什么长期结果，因为长期是不存在的。在此，我们要让审慎系统休息片刻，放飞自己冲动的激情。

我们的所作所为让赌场从我们身上赚了钱，原因何在？这种短视行为如何才能够加以调适？答案是，我们所处的环境已经发生了改变，超越了

我们那微不足道的更新世大脑。我们更新世的祖先从那个被进化生物学家
理查德·道金斯（Richard Dawkins）称为"中间世界"①的时空生存下来，
因此在感性上，我们生来就已经适应了处于这两个极端之间的物体。我们
通过显微镜观察近处的微小物体，利用望远镜观察远处的巨大物体。在时
间和社会复杂性方面就有类似现象发生。在一段很短或者很长的时间跨度
里，我们本身并不理解这些作用。对长时间跨度的这种不敏感性，可能会
引发关于气候变化甚至进化本身的一些争论。同样，人类大脑的进化环境
并没有我们今天所处的环境那么复杂。相对而言，更新世时期的劳动分工
处于较低水平；那个时代没有大量财富积累，不存在资本市场。交换只有
食物、衣物和人们喜好之物，不存在保险、股份与合成型债券抵押证券。
多数早期人类以族群形式聚居在一起，人数从几十人到数百人不等。族群
人数达到几千人不过是近一万年以来的事。如今那些涉及数十亿人的金融
决策及其后果已经超越人类的自然认知。通过运用巴甫洛夫式以及新惯性
决策，我们的更新世遗产创造了一些应急性捷径，它们好像并不恰当，也
不合理。和以前相比，社会变得更大、更复杂、更加趋同，而我们仍在秉
持以前行之有效的看法，在今天看来就不太合理了。

　　总之，与食物和性相比，金钱为我们提供了一种考虑抽象快乐的方
式。金钱向我们展示了与我们的欲望不直接相关的事物是如何成为快乐的
源泉的。当这种情况发生时，我们大脑中的奖励系统对金钱的反应与对食
物和性的反应非常相似。正如我们在食物和性中所看到的那样，环境可以
影响这些主要奖励，而环境对金钱等次要奖励的影响更强烈。金钱向我们

---

① "中间世界"指的是微小与巨大之间、细胞和宇宙之间的物理环境。

展示了短期快乐是如何与长期快乐竞争的，提示了我们往往出于自动和感性行事，而不是以严格理性和深思熟虑的方式。在我们意识到更新世时期的大脑并不总是与现代世界保持同步之前，我们的一些金钱行为是毫无意义的。

第15章

喜好、需求和学习 ①

　　皮克斯（Pixar）动画工作室在 2007 推出了一部电影《美食总动员》（*Ratatouille*），主角是一只整天在厨房转悠的老鼠雷米。《华尔街日报》（*Wall Street Journal*）对这部影片最终能否成功表示担忧。长期以来，米老鼠的形象早已深入人心，它拥有众多粉丝。人们已经习惯了可爱的米老鼠形象，谁又会想看厨房里的老鼠呢？然而，这部描写喜爱美食同时又善于与偏见做斗争的老鼠的影片却征服了观众，它甚至获得了奥斯卡年度最佳动画片奖。影片中有这样一个场景：雷米一门心思想去巴黎当厨师，一天他在烟囱上炒蘑菇时突遭雷击。尝了一口烧焦的蘑菇，他大声喊起来："你们都来尝尝！这……嗯嗯……是……糊了……化了……的确不是熏制的……是一种……扑哧！"雷米是那种知道自己喜欢什么，也知道自己想要什么的老鼠。

　　看来老鼠知道自己喜欢什么、想要什么。神经科学家肯特·贝里奇

---

① 　这里指的是心理学中的学习概念，其内容更加广泛，包含行为或心理过程被经验持久改变的过程，强调持久性和心理过程的影响。——译者注

（Kent Berridge）强调了在我们奖赏系统中存在的这种重要差异——喜好和需求之间的差异。喜好是我们从某些事物中获得的快乐，而需求是我们对某种事物的欲望，有的时候我们很可能并没意识到二者之间的这种差异。以前，我在网上看过人们享受食物、性或金钱状态下的脑部结构以及我们想获得这种快乐时的相应结构。贝里奇及其同事详细检查了老鼠奖赏系统中的这两个部分。

我们知道老鼠想要什么，因为它想得到什么时会去拉动杠杆、吸吮管口或沿迷宫奔跑。然而，我们能弄清老鼠喜好什么和想要什么二者之间的区别吗？令人惊讶的是，老鼠和猩猩、黑猩猩、猴子以及人类婴儿一样，当他们想要什么或者不想要什么的时候，都会有特殊的面部表情。如果喂食有甜味的东西，他们会有节奏地伸出舌头舔嘴唇；如果吃了带苦味的东西，则会咧嘴、摇头。这些面部表情对观察他们是否快乐十分关键。

贝里奇的研究表明，喜欢和需求在老鼠大脑中并不是一回事。作为快乐的一种关键体验，喜欢往往涉及伏隔核及其与腹侧纹状体其他部分之间的联系，处在这些结构中的神经活动受到来自大麻素受体的驱动。在摄入海洛因和吗啡等阿片类物质时，脑啡肽受体在人的快乐体验中发挥着作用。正如我在有关食物的章节里提到的那样，大麻素是人脑中固有的化学物质，与大麻中含有的大麻素类似。我们的快感是大麻素和阿片类药物共同作用的结果。需求，即我们想得到某种事物的欲望来自多巴胺的驱动而非阿片类物质或大麻素。腹侧纹状体也包含能对多巴胺做出反应并提升欲望的神经元，这种神经元散布于能引发喜好的阿片类物质和大麻素神经元当中。

大脑中的喜好和需求共同发挥作用自有其意义。毕竟，我们对喜欢的东西会产生欲望，同样都喜欢自己想要的东西。尽管如此，喜好和需求之间也会脱节。比如，纳洛酮会抑制阿片类物质的作用，能够在饥饿时不降低食欲的情况下减少快感。在喜好不变的情况下，欲望也可以降低。实验中，利用毒素对老鼠的多巴胺细胞进行破坏之后，老鼠就停止了进食。一开始科学家们认为，停止进食的原因是它们不再从食物中获得快感，但是给它们的嘴里滴进带甜味或苦味的液体，它们仍会有喜欢或排斥的表情。

和老鼠一样，人类的喜好和需求之间也会脱节。当服用对多巴胺有抑制作用的药物时，人们对某种东西的喜好程度并不会有多大变化。然而，他们为获取那些向往的东西而采取行动的倾向则会降低，这种状态在临床文献中被称为"心理冷漠"。在瘾君子身上，我们有时能看到与之相反的行为模式。随着毒瘾逐步发展，瘾君子对毒品的欲望越来越强，不惜一切去打上一"针"。但是，随着欲望的加强，这些人并不一定能体验到毒品带来的更多快感。

在探讨喜好和需求的过程中，我们已经聚焦了大脑内部奖赏系统中的许多部分。大脑皮层系统与奖赏系统之间的互动关系对人体有重要意义，因为这种关系意味着我们并不会简单地成为自身喜好和需求的奴隶。大脑皮层系统能够再现实现需求和快乐的路径，让我们知道如何在对所向往的事物做出反应方面进行管控。通过与背侧前额叶共同作用，大脑的眶额皮层、腹内侧前额叶皮层、杏仁核、前岛叶和前扣带能对我们的快乐做出判断。如果我们选择去获得快乐或按兵不动，它们会帮助我们协调、规划最后要采取的战略性行为。

来自大脑的奖赏能够帮助我们学习和改变行为方式。当自身体验不及预期时，它会为我们提供学习的机会。比如，我很想吃冰激凌，体验一把开心果味冰激凌在嘴里融化的那种感觉，让内生阿片类物质和大麻素充斥大脑。不远处就有个叫 Capogiro's 的小店很别致，据我所知，那里出售的意式冰激凌无与伦比，简直太完美了。然而，南面那个街区刚开了一家新店，所以我会就近光顾那里。这里的冰激凌虽好，但味道还是赶不上 Capogiro's 的冰激凌。虽然我收获了奖赏，但效果不如预期的好，这正是那种我能够通过学习去改变自身行为的情形。下一次，我可能不去这家新店，也可能决定再去尝试一次。也许这家新店的老板仍在整合业务、改进产品。还有一种选择就是降低自己的预期，如此一来，也许哪天当我感觉累了的时候会就近光顾这家店。于是，我不必费力走那么远，同时调整好自己的预期。如果那儿的冰激凌比我预想的还好，我还会重新构建自己的预期并再次从这次体验中学到新东西。有了这种认知，我会更愿意重返这家新开张的店铺。

预期和奖赏之间往往并不一致，我们从中学到了许多。我们从这种体验中学到的东西与我们的预测之间构成了一种循环，那这种循环是如何在大脑中体现出来的呢？我们在预测未来奖赏、对错误预期做出反应时又会看到多巴胺的身影。当奖赏高于预期时，大脑会将多巴胺的释放水平提升到基准线之上，反之则会降到该线之下。如果多巴胺水平没什么变化，这表明预期和实际奖赏之间很接近，在这种情况下，我们没理由改变自己正在做的事情。当我们经历意外惊喜、失望时，上述情形就是对应的化学反应情况。

至于人类，其大脑腹侧纹状体记录着奖赏与预期之间的差异。在奥多尔蒂（O'Doherty）及其同事进行的一项功能性磁共振成像实验中，他们先给被试展示一个蓝色箭头，然后再让这些被试喝一些带甜味的果汁。在建立起果汁与蓝色箭头之间的联系之后，研究人员对提供果汁的时间进行了调整，有时见到箭头之后就会很快提供，有时到最后也不会提供。如果很快提供，而且早于预期，来自被试大脑腹侧纹状体的信号就会增强。这类调适来得很快，通常在 50 ~ 250 毫秒以内。上述发现意味着，我们在现实面前会经常调整预期，而我们在此过程中并未意识到自己正在学习。

奖赏系统能帮助我们学习，同时我们也会陶醉于已经学到的知识当中。大家可能还记得关于数学的那一章，有些特定数字排列看起来很美，而自然界的规律性只是这其中的一部分。对于这一发现，我们感到快乐。对事物的理解能让我们快乐起来，这被发展心理学家艾莉森·高普尼克（Alison Gopnik）形象地称为“性高潮诠释”效果。当遇到令人困惑的问题时，婴儿往往会噘嘴、皱眉，当找到答案后，他们会灿烂地笑起来。就像贝里奇笔下的老鼠雷米那样，他们的兴奋溢于言表，但这种情形只适用于找到答案而不是对糖水做出的反应。因此，在帮助我们学习的乐趣和从所学知识中感受乐趣两者之间，我们才有了这种反射性循环。这类感知快乐也许就是我们能从概念艺术（conceptual art）[①] 中找到快乐的原因。弄懂这些快乐的含义就能唤起我们的奖赏系统。

我们的奖赏系统中有一项重要的功能，就是当利用该系统驱动基本欲

① 概念艺术是 20 世纪 60 年代起流行于欧美的一种艺术流派。它主张艺术不再作为一种客观物体，而是作为一种思想和概念，只需要构思和描述而不需要完成。——译者注

望（比如对食物和性的喜好）的时候，我们也会利用该系统形成一些抽象概念，比如公正。我们可以一窥大脑是如何在被经济学家们称作最后通牒博弈活动中对公正进行编码的。这个游戏是在两人中进行的：给甲一笔钱，比如 100 美元，乙则分文没给。游戏要求甲分一部分钱给乙。如果乙接受，则两人就都有钱了；如果乙拒绝，两人谁也得不到钱。考虑到要么能得到点钱，要么什么都没有，如果乙想得到钱，他就应该接受甲的分钱提议。但大多数处在乙这个位置的人，其行为是不理性的。接受这项提议的 "倾覆点"（tipping point）① 应该在三七开或二八开之间，如果低于 30 美元或 20 美元，多数人会拒绝，宁可什么都不要，原因是他们认为甲的那份太多了。在功能性磁共振成像实验中，如果认为给自己的选择方案不公平，人的脑岛就会变得活跃起来。脑岛与厌恶感密切相关，在闻到或品尝变质食物时尤其如此。在最后通牒博弈实验中，脑岛变得活跃起来，这表明我们讨厌不公平行为。另一项概念化评估则是观察我们在品尝酸奶时相应的神经系统活动的情况。

在建立个人声誉的过程中，我们也会用到基础性奖赏系统。在一项设计巧妙的研究中，里德·蒙塔古（Read Montague）及其同事让几对被试玩一个有关货币兑换的游戏，并对他们同步进行扫描。其中一人是投资者，有 20 美元，他把手中的一部分投给第二个人，我们称之为受托人。该受托人让钱增值了三倍，这一点双方都知道。随后，受托人决定将多少钱返

---

① 社会学术语，指社会中某一特性成为共性的瞬间。由美国人莫顿·格罗津斯（Morton Grodzins）在 20 世纪 60 年代提出。莫顿在观察白人和黑人共同居住的社区时，发现当达到某一状态，再新搬入一个黑人家庭时，所有白人都会搬走，即发生 "白人逃亡" 现象。莫顿将此称为 "倾覆点"。——译者注

还给投资人，而投资人回过头会决定再给受托人投多少钱。如此，投资人既可多投也可少投。在这些互动过程当中，双方逐渐建立起所谓"信誉"，要么慷慨大方，要么吝啬。此时，我们可以看到在利用多巴胺作为化学媒介的大脑纹状体中，其神经的活跃度发生了变化。如果投资者投得多，受托人的脑部活动就上升，反之活动就会减少。在这种情况下，信任水平将建立在准确判断另一方的奖赏行为的基础上。我们对待这些人与人之间的奖赏方式类似于我们如何从基本欲望中进行学习的情形。在对某人建立起信任时，我们在大脑中使用的系统与那些指导我们可能与谁一起进餐或可能与谁一起睡觉时使用的大脑系统是相同的。

奖赏系统能够把喜好、需求和学习结合在一起。通常情况下，喜好和需求相互交织，然而正如前面讲过的那样，二者还会各行其是。这种脱节十分重要，在我们考虑邂逅艺术的时候尤其如此。快乐会帮助我们学习和改变自己的行为；学到的东西会改变自身体验的快乐。我们的奖赏系统自身具备一种灵活性，其中的认知和快乐系统之间会互动并相互调节。在审美如何引导我们的思想以及思想如何引导对美的体验方面，这种灵活性发挥着重要作用。只要能够扰动嵌入大脑中的奖赏系统，任何事物都可以成为快乐的源泉。虽然我们的核心奖赏系统服务于基本欲望，比如对食物和性的欲望以及来自二者的快乐，然而，我们对公正、声誉等抽象概念的认识也在利用相同的系统。

第 16 章

快乐的逻辑

所有会动的生物都会本能地接近自己需要的东西或避开自认为对自己有害的东西。这种趋避行为构成了一条基础性轴线，在其周围，各种更复杂的行动将被有机地组织起来。对人类而言，快乐在很大程度上促进人们的趋近行为。就我们作为个体的存在、作为物种的进化而言，快乐在这方面发挥了深远的影响力。

人类的奖赏系统由不同部分构成，这些组成部分对我们体验快乐和欲望是必要的。正如我们看到的那样，快乐和欲望（或喜好和需求）并不是一回事儿。除了感受快乐和期望，奖赏系统内部中的某些部分会让我们预期到快乐、对所体验的快乐进行评价，为获得欲望而去制订行动计划。此外，还有一些其他部分负责调整我们的快乐，约束自己的趋近行为并帮助我们进行学习。

从根本上讲，快乐的根源来自我们对食物和性的欲望。在我们的祖先当中，那些享受富含营养食物、与健康配偶发生性关系的成员得以生存下来并不断繁衍。我们继承了他们的快乐。同时，通过发挥体内平衡机能，快乐让我们生存下来。体内平衡机能是调节自身体内状态稳定的过程，要求在一个非常小的生理"窗口"内将我们的身体状态调整到最佳状态。如果我们偏离了那个窗口，就需要调整回来，而快乐会助力我们这样去做。如果缺盐，我们的口味就重，吃饱了，就不喜欢甜的东西。

通过大脑伏隔核和腹侧纹状体的其他部分，快乐的核心体验发生在大脑深处。无论快乐来自哪方面，比如食物、性或金钱等，这些结构都会活跃起来。存在于上述神经结构中的化学媒介是阿片类物质和大麻素，它们共同发挥着作用。阿片类物质和大麻素处在高位时，人就会有极度快感，这是它们充溢于相关受体的结果。在我们日常感受的快乐中，这些受体获得的只是更柔和的抚慰而已。

欲望让我们采取行动。欲望的化学媒介是多巴胺。脑干将多巴胺送至纹状体的不同区域，从而刺激我们在欲望的基础上采取行动。大脑的其他部分负责对快乐进行评价；眶额部皮层中线部和腹内侧额叶似乎负责对快乐进行编码，同时它们很可能就是让我们意识到自己正在体验快乐的脑部结构。通常情况下，快乐和欲望同时存在。我们会向往自己喜欢的事物，同时也喜欢自己想要的事物。然而，二者之间是可以分离的。对瘾君子而言，欲望有时会失去控制，足以压倒自身的喜好。我们喜欢某种东西但并不想要，这意味着什么呢？在谈及艺术的时候我们将回到这个问题。

在对欲望做出反应的过程中，其他神经结构会指引我们的行动。杏仁核和岛叶承担了双重角色；当我们面对令人快乐和不快乐的事物时，它们都会活跃起来。这些结构会让我们拥抱快乐、躲避痛苦。尽管我们的大多数行为受快乐的驱使，但我们并未被其束缚。举个例子，当我们小心翼翼地拥抱快乐时，侧眶额皮层、杏仁核、岛叶前扣带皮层就开始释放脉冲信号，变得活跃起来。这些结构将对欲望的过度满足、焦虑、痛感以及厌恶感进行编码。当上述神经功能结构活跃的时候，我们便会产生一种本能感觉，即回避这些东西，即便它们在其他情况下能给我们带来快乐。像前部和顶部这类皮层结构在我们进行有意识的规划和思考中发挥着作用。这些神经结构会帮助我们调整自身行为，让我们在争取快乐时拥有战略眼光，或者在必要的时候远离快乐。

快乐具有可塑性。有些情况下疼痛能变成快乐，比如做爱时就是如此。有些东西通常并不能给我们带来快乐，但却受人崇拜，从而变成能唤起性欲的东西。看来，快乐让自己附着于任何事物或情形之中。快乐的这种杂糅性揭示了人们的众多喜好以及不同人之间各有所爱的差异如此之大的原因。有人喜欢辣椒在嘴里的烧灼感，有人唯恐避之不及；有人爱钱，有人则视金钱如粪土。个人经历塑造了自身对快乐的体验。我们的认知、甚至自认为的认知会在很大程度上影响我们的喜好和嫌恶。

作为驱动欲望的神经递质，多巴胺也会帮助我们进行学习。每当收获意外惊喜而心情愉悦的时候，或者因没得到快乐而备感失望的时候，我们就能够从中学到东西。多巴胺神经元的脉冲速率调适着我们对未来奖赏的预期。这种调适作用不仅适用于寻找甜汁这类基本情况，还适用于学会信任他人等复杂的情形。

快乐在不同尺度下能够实现自我平衡。我们看到，快乐能够让我们行动起来以维持良好的生理状态。作为保持体内平衡的一种途径，快乐涵盖的范围很广，从想吃点甜的、咸的东西到长相标致、美景等这类大家都喜欢的事物。在进化过程中，物种会让自己逐步适应环境以便很好地发挥自身机能。如果环境变了，物种就要改变并进入一种新的状态。

我们的大脑是适应各种挑战的产物，然而它并不总能跟上快速变化的现实。我们所处的环境正在快速变化。当我们的行动看似不符合逻辑的时候，通常都是我们正在不合时宜地观察大脑行为。我们本能上都能够理解以物易物的交换方式，但却无法理解信用违约掉期（credit default swap）①。由于我们所处的文化环境变化得越来越快，因此，我们身上那些已有的身心状态与自身现实行为之间的联系变得日益弱化。在我们的本能与行为之间，这种联系的弱化是我们应该铭记于心的一个重要方面，在思考艺术时更是如此。

世间有审美愉悦的现象存在吗？来自审美体验的快乐根植于我们最基本的欲望，但又不限于此。当你盯着一个漂亮的人或一幅迷人的画作看时，你的内心便洋溢起一种快感，但这与我们品尝甜味时的快感并不是一回事。审美愉悦已经超越了源于基本欲望的快乐，其表现为以下三个方面：第一，这种快感会通过神经中枢系统延伸至以往的欲望，而这一系统更倾向于喜爱，不一定必须是向往；第二，不同审美快乐之间差别很小，它们往往围绕着比那些简单喜爱更复杂的各种情感展开；第三，审美快乐在很大程度上受认知系统的影响。我们与审美对象接触时的体验和认知会为这类快乐抹上不同的色彩。我们将在下一部分讨论艺术时再回到这些正在展开的主题。

---

① 信用违约掉期是一种金融衍生工具，是一种转移交易方定息产品信用风险的掉期安排。——译者注

　　展望未来，艺术与美、快乐有什么关系吗？如果认为美与快乐具有适应性，就相当于说我们具备美和快乐的本能。我们对艺术有某种本能吗？我认为不是这样的，至少没那么简单。我猜想，就像我们体验的那样，艺术已经超越了我们已经适应了过去的大脑。有人认为艺术也许不是一种本能，这种看法既不意味着艺术不是生活的组成部分，也不意味着艺术不够厚重，或者艺术不是极度快乐的源泉，更不意味着它不是大悲的一种表现形式。艺术可以是它们的全部，即便如此也不能让艺术成为一种本能。正如我们今天见识的那样，艺术在很大程度上是一种偶然，确切地说，这就是一种了不起的意外！然而，正如我们身边日益加速变化的环境那样，我们正在努力超越自己。

PART 3

第 三 部 分

艺术

第 17 章

所谓艺术，究竟为何物

　　什么是艺术？遗憾的是，要想提出一个令人满意的定义并非易事。下面，我们将审视有关艺术的各种不同看法。首先，让我们先了解一下传统美学和艺术的观点；接下来，我们再来仔细看看现代哲学家们是如何苦苦思索、寻找艺术的定义的。这里需要强调的一点是：美学和艺术不是同一回事，两者相交，理念却各不相同。根据普遍的理解，美学聚焦于客体的特性以及人们对这些特性的情感反应。

　　客体本身不必是艺术品，它可以是一片花田，抑或是梵高的一幅鸢尾属植物画作。美学通常与从美至丑的感觉连续体密切相关。神经科学家托马斯·雅各布森（Thomas Jacobsen）及其同事让人们选择与美学密切相关的单词，人们选择最多的词是美，占91%；选择第二多的词是丑，占42%。绝大多数人认为，美与丑的感觉连续体涵盖了美学的全部。对于美学的这种直觉感知也普遍存在于分析哲学的传统之中，并历史性地影响了有关艺术的理论构建。然而，与美邂逅不必局限于美。哲学家弗兰克·西布雷（Frank Sibley）列出了许多有其他美学特性的例子，包括团结、平衡、宁静、悲怆、优雅、活泼、动人、平凡以及炫耀的多种客体性质。艺术能够且的确普遍具有美学特性，但是，艺术家的意图、艺术作品在历史上的地位及其政治和社会层面的意义，也都与艺术密切相关。艺术的这些方面没有包含在我们或许视为"美学的"范畴之内。在接下来的讨论中，我们权且把美学——通常但并非总是——当作一个旅行的伴侣，以此视角来审视艺术。

　　一个古往今来的观点是：艺术描绘世界。艺术是模仿，柏拉图和古希腊其他学者提出并发展了这一观点。事实上，艺术作为模仿使柏拉图对艺术持怀疑态度，因为它转移了人们对真实事物的注意力。20 世纪，艺术史学家恩斯特·冈布里奇（Ernst Gombrich）将西方艺术史的特点归结为一个奋力表达现实的漫长过程。例如，文艺复兴时期，人们孜孜以求地试图从二维平面上的单一视角展现三维场景，就属于在画布上模仿世界。对很多人来说，准确表现客体的能力决定着艺术家水平的高低。当那些对一幅毕加索杂乱无章的绘画抱有怀疑态度的人们发现他是一位制图大师，并能够用细腻的笔触画出客体时，或许才会承认他的才华。毕加索热衷于用怪异、扭曲的方式刻画客体的事实，往往会激发观赏者要弄清楚其中的原因。尽管艺术家们仍沉迷于分毫不差地表现世界，但摄影术的诞生却使绘画模仿外部世界的目的变得没那么重要了。19 世纪，摄影术被发明出来并开始普及。不久，艺术家们便开始自由自在地尝试用不同方式——无论是用印象派、野兽派还是未来派的眼光——看待世界。

　　对何为艺术的问题，另一个古老的答案是：艺术就是通过强化共同的价值观将一个社区团结起来的仪式化行为。18 世纪以前，我们视为艺术的大多数东西被制作出来，都是供教堂或国家使用的。艺术的作用在于振奋民众的精神。在古希腊时期，观看埃斯库罗斯（Aeschylus）和索福克勒斯（Sophocles）的剧目很可能会将希腊的观众团结起来。而今，教堂和庙宇中的美妙的赞美诗和圣歌让人们心心相连。我还记得小时候在印度观看"紫色公羊"（Ram Lila）在街头表演的情形。那些巡回剧团的艺人表演了印度史诗《罗摩衍那》（*Ramayana*）的片段。在炎热夏日的夜晚，我和小伙伴们坐在脏兮兮的街头，兴高采烈地欣赏着演员们表演史诗中的各种场景。我现在居住的城市有一个"一本书一座费城"的项目，鼓励所有市民同读一本书。让市民都参与一种欣赏艺术的仪式，以此把大家团结起来，这种想法实在美妙。但是这种令人愉快的想法却与所谓的当代艺术迎头相碰。那一罐罐的"腌臜物"要将人们维系在什么样的社区之中？或许，现代艺术只是把那些小众的文化精英聚合在一起，而它带给大多数人的却是迷茫、惊愕，甚至敬而远之。

亚历山大·鲍姆嘉登（Alexander Baumgarten）1750年出版的著作《美学》（*aesthetics*）标志着现代美学的开端。他将美学这一术语（词义原本与感觉相关）与欣赏美联系起来，这种欣赏产生了他所称的"感性认识"。他更多关注的是人类对美丽的自然景观的反应，而对艺术本身并不十分在意。与鲍姆嘉登一样，哲学家弗兰西斯·哈奇森（Frances Hutcheson）认为，人拥有一种乐于接受美、和谐和匀称的特殊感官。他指出，这种审美感官能够在观赏者的心中产生快感。哲学家和政治理论家埃德蒙·伯克（Edmund Burke）也强调并详述了美引发各种情感的方式，他将美与崇高做了区分。美的事物与快乐相关，而相比之下，崇高的东西慑服人心，使人产生敬畏感，并认识到自己的渺小。在伯克看来，崇高是与痛苦联系在一起的。美引发各种情感的观念在 19 世纪有关艺术的讨论中找到了知音。浪漫派艺术家认为，情感的表达是艺术的本质所在，艺术的目的在于激发和唤起民众。列夫·托尔斯泰（Leo Tolstoy）在其 1896 年出版的著作《什么是艺术》（*What is Art*）中，一再强调观众在欣赏艺术作品时的情感体验的重要性。

在究竟哪些艺术是美的问题上，人们并不是总能达成一致。难道我们该随心所欲，认为艺术中的美全都是主观的吗？为了避免出现这个结论，18 世纪的哲学家大卫·休谟（David Hume）提出并发展了"审美趣味"的概念，他将美视作一种令人快乐的事，其中蕴含着某种价值判断。这些价值判断更多的是一种审美趣味的表达，而非逻辑分析的结果。他认为，审美趣味最初很可能是无意识地自发产生的，但通过细心琢磨和精心培养，也可以后天养成。人对世界上美的品质逐渐获得一种特殊的感知力，一旦有了审美趣味，这些感觉灵敏的人们在判定什么是艺术，或至少什么是好的艺术上，便变得游刃有余。休谟认识到，教育和文化深刻地影响着人类的艺术体验。

谈到美和审美体验，伊曼努尔·康德是这方面的大家，他的观念无论是在积极还是在消极的意义上，至今仍然影响着科学的美学。他认为，美是一个先天和普遍的概念，而对美的评判则要依据对象本身的特点。对美的评判在更大程度上被置于理性的范畴之内，而不是仅仅将其当作对客体的一种反射性的情感反应。他认为，美的对象的各种特点与人的感知力、知解力和想象力发生交互作用。康德总的观点与科学家通常探讨艺术的方式（即努力挖掘这些交互作用的动力）是一致的。对我们正在讨论的议题十分重要的是，康德强调了"无利害计较的兴趣"的观念，这一观念用当下通俗的话说，就是喜欢但不想据为己有。在康德看来，美的体验就是专注于对象本身，让人的想象力自由活动。想象力的这种自由活动是在不受占有或消耗对象的念头的支配下发生的。20 世纪初，爱德华·布洛（Edward Bullough）重拾这一观念并指出，美学的态度包括与艺术对象保持一定的心理距离。借助这个心理距离，对艺术对象实用的考量被移除，进而为人们开启了新的更深刻的体验，这种体验带有个人感情色彩，是一切美的体验的根源。

其他那些近代的理论家则对美的体验有着不同的见解。随着艺术变得越来越抽象，20 世纪初期的艺术理论构建也变得越来越讲求形式。克莱夫·贝尔（Clive Bell）提出了"有意义的形式"的概念，用以阐释那些能够激发美感的线条和色彩的独特组合。在贝尔看来，美感反应与其他情感反应不同。恋人的一张照片可以激起性欲；英雄的一尊塑像可以引发景仰；圣人的一幅画像可以唤醒信仰。贝尔认为，上述情感反应再正常不过，但它并非美感反应。美感反应是对形式和形式自身之间关系的反应，而不是对形象所引发的含义和记忆的反应。表意形式是抽象艺术（即使表面上不能表达任何对象或特定意思）仍能引人入胜的原因所在。

到 20 世纪，有一点已非常明确：艺术可以与美和快乐挥手告别了。立体派的破碎断裂、抽象印象派的狂迷、达达派的信马由缰——即使其中个别作品尚可与美搭上边——均对那种幼稚的对美的沉迷投以轻蔑的一瞥。如此一来，倘若那些传统的观点，如将艺术视为模仿，借以表达情感、建立公众的凝聚力以及描绘美，不能将所有的艺术形式囊括其中，那么，我

们又如何考量什么是艺术呢？当代哲学家又是怎么说的呢？当代哲学家有
关艺术的定义的思考收录在诺埃尔·卡罗尔（Noël Carroll）编纂的《当代
艺术理论》（*Theories of Art Today*）和斯蒂芬·戴维斯（Steven Davies）所
著的《艺术哲学》（*The Philosophy of Art*）中。这两本书可谓开卷有益，且
容我介绍其中几个要点，以表明这些讨论的特色所在。

流行于 20 世纪中叶的一个观点是，艺术是无法定义的。哲学家把这
个观点看作反本质主义的，按照这一学派的观点，那种让人们可以声称
"某个物体因包含某种特定成分就是艺术的本质成分"的说法根本就不存
在。莫里斯·魏茨（Morris Weitz）为这一立场做了两点论证。首先，艺
术天生就是革命性的。艺术的叛逆本性在损害其自身，任何用定义对艺术
加以限定的尝试注定要失败，给艺术和不知何方神圣的艺术家下定义，就
是对这些定义的愚弄。其次，艺术不能用必要和充分条件加以定义，更准
确地说，艺术是某一类别相似物的聚集。当遇到某种新物体时，我们会在
它与我们已接受为艺术的物体相似到何种程度的基础上，判断它是否是艺
术。家族相似性的论证有些棘手，因为它并没有告诉我们哪些特征对相似
性至关重要。家族相似性观念的一个最新版本来自伯莱斯·高特（Berys
Gaut），他主张艺术是一个集群概念。艺术作品包含着一大堆可能的特性，
当我们在某一物体上发现这一系列特性中的某个次等特性时，我们即称之
为艺术。然而，在诸多的特性之中，挑选那些对集群来说关联度更高的某
些特性，对我们来说仍是一个未解的问题。

关于艺术的另一个论点是，即便无法给艺术下定义，我们或许也真真
切切地知道什么是艺术。在 1964 年一起有关言论自由的案件中，美国最

高法院法官波特·斯图亚特（Potter Stewart）曾就色情作品的定义说过一段非常著名的话："要为其做出明确定义，我或许永远无法办到，但我只要看到它，就会知道它。"或许，艺术也与斯图亚特的表述相似，即使我们不能定义艺术，但只要我们看到它，就会知道它。哲学家威廉·肯尼克（William Kennick）运用此种对艺术的直觉描绘了如下场景：一座储藏有艺术品和其他物品的仓库发生了火灾。他指出，即使普通人不理解哲学家给艺术下的定义，他们也会知道哪些东西是艺术品，要先去抢救，哪些不是，而不必忙着去抢救。考虑到某些当代艺术，这一预言未必那么笃定。当我们在荒郊野地中尿得哗啦啦时，谁还顾得上去拿尿壶？

为了绕开反本质主义哲学家提出的理解艺术的定义问题，一些哲学家提出，通过理解艺术的相关特性，人们可以得出一个前后一致的艺术概念。这些相关特性可以是艺术在人类生活中的作用，也可以是它在历史和文化中的地位。功能主义的立场表明，通过人类与这一特殊类别的事物的交互作用，以及这些事物在人类生活中发挥作用的方式，艺术为人类所理解。与人类对其他事物的反应不同，这些特殊类别的事物产生了美的体验。研究美学的科学家赞同这种看待艺术的方式。我们构思探测心理机制或识别神经标志物的实验，就是在尝试弄清艺术与人之间的交互作用。在某些方面，功能主义的论证将焦点从定义艺术对象的本质特征，转移到当邂逅我们视为审美体验的对象时，搞清究竟什么是至关重要的。倘若那个对象是一件手工艺品——作为自然物体，如一朵花的对立面——我们就称其为艺术。功能主义的立场正如其名称所示，同样强调这些物体在人类生活中的功能。进化心理学家赞同这种观点，因为他们想知道，既然艺术在人类历史上无处不在，那么它在促进人类生存方面的功能何在？

　　另一派当代观点强调，应从艺术与文化和历史的关系上去理解艺术。这种看待艺术的方式超出了美学的范畴，因为它与艺术品传递感觉的特性以及在观赏者心中引发的情绪无关。阿瑟·丹托（Arthur Danto）提出，一件艺术品的身份如何，取决于它在当下进行的有关艺术的叙述性和理论性的讨论中处于什么位置。与前者类似，诺埃尔·卡罗尔和耶罗尔德·列文森（Jerold Levinson）也同样强调，艺术的身份作为一种存在，从根本上说，与其先例相关。乔治·迪基（George Dickie）也曾强调社会和公共机构实践的作用，其所作所为结合在一起，将一件物品标明为艺术。只观看某物并不会告知我们那就是艺术。1917 年，杜尚（Duchamp）在一座架子上放置了一只尿壶，并将其命名为《喷泉》（*Fountain*），那时为什么所有人都把它当作艺术呢？ 1955 年，罗伯特·劳申贝格（Robert Rauschenberg）给他的床涂上五颜六色，为什么所有人都把它当作艺术呢？阿瑟·丹托用安迪·沃霍尔（Andy Warhol）1964 年的一只布里洛皂盒的例子说明了以下观点：物体的物理特性与其作为艺术的身份无关。沃霍尔的皂盒与宝洁公司大规模商业生产的布里洛皂盒几乎没有什么区别。然而，一只皂盒被供奉为艺术，其他的皂盒则只不过是生产出来供销售和购买的容器而已。说到底，艺术就是文化的人工制品，只有在其所处的历史背景下并经由文化实践才能被人所理解。

　　满脑袋充斥着这些有关艺术的令人头晕目眩、各不相同的观点，不禁让我想起了路人皆知的盲人摸象的寓言故事。这些盲人各自触摸到大象不同的部位，以为他们触摸到了不同物体。一位盲人摸到了象腿，认为那是一根柱子；另一位盲人摸到了象背，认为那是一堵墙；第三位盲人摸到了象牙，认为那是一支长矛。艺术哲学家们或许在做着类似的事，他们触摸到了艺术不同但又真实的某个方面。倘若有足够的耐心，摸的次数也足够多，那他们将对艺术这头大象就会有一个全面的认识。

这则寓言的问题在于，只有当我们都不盲，并看到了整只大象时，它才是有意义的。倘若我们就像碰到艺术时那样什么也看不见，那么这则寓言很可能就不管用了。或许，第一位盲人确实摸到了一根柱子，第二位盲人确实摸到了一堵墙，第三位盲人确实摸到了一支长矛。根据他们共有的纯朴敦厚的为人，每位盲人都想象自己摸到了同一头大象的不同部位，而实际上房间里根本就没有什么大象！

在接下来探讨艺术时，我们最好将下面这个问题抛到脑后：到底是触摸到了大象的不同部位，还是想象着一头本不存在的大象？

第 18 章

艺术：生物学和文化

　　艺术无处不在。在我位于费城的居所附近，沿街步行，不出一个街区就能看到可视为艺术的东西。沿着这条大街走下去，是一幅由镜子和陶瓷碎片做成的壁画。人行道上，一根倾斜的电线杆被画成了比萨斜塔的模样。当地居民的画作和拍摄的照片，在街角的咖啡店里不停转动。几个街区之外，当每个月的"第一个星期五"到来之际，人们饮着美酒、咀嚼奶酪，成群结队涌进各色画廊。走上几步，便是一座一流艺术的殿堂——费城艺术博物馆（the Philadelphia Museum）。收藏着大量 20 世纪初期艺术精品的巴恩斯基金会博物馆（the Philadelphia Museum）刚从郊区搬到了本杰明·富兰克林公园大道上，与罗丹博物馆和费城艺术博物馆成了邻居。这条公园大道被洛根广场（Logan Square）的喷泉分为两段：一头矗立着市政厅，另一头则是巴恩斯基金会博物馆。市政厅、洛根广场和巴恩斯基金会博物馆的大厅这三个地方都收藏有考尔德家（Calders）几代人的雕塑作品。

　　费城或许是一座非常善待艺术的城市。但允许我再说一遍，艺术无处不在。父母将孩子们的蜡笔画挂在冰箱上；人们用各种珍藏物和小饰品装饰自己的家和办公室；每一处城市废弃的角落似乎都散发出艺术的气息。放眼看世界，任何地方都有同样丰富多彩的艺术。只要人们聚在一起，某些装饰性物品就会自然而然地出现。艺术的这种丰富性体现在服装穿戴、珠宝首饰、墙饰挂件、锅碗瓢盆和壁画面具上。还有愉悦其他感官的艺术。人们唱歌、哼鸣、押韵、敲击、拍打，或轻扣；人们闻香水，品美酒；人们摆花、设计花园；人们翩翩起舞，乐在其中；人们沉浸在电影之中；人们在文学作品中发现自我。艺术环绕着人们，它就在人们中间，它将人们联系起来，让人们乐此不疲。

艺术不只无处不在，它似乎与人类如影随形。文艺复兴前，有波斯和拜占庭艺术；在它们之前，有古罗马和古希腊艺术；继续向东，那里有印度、中国、朝鲜和日本艺术；更早还有玛雅艺术、奥尔梅克艺术、古埃及艺术、苏美尔艺术、巴比伦艺术和古亚述艺术。3 万多年前，人类就在洞穴中绘画；8 万年前，人类用颜料装扮自己，采集并佩戴珠串；30 多万年前，人们在非洲北部制作出了各种小雕像。

倘若艺术无处不在，且与人类如影随形，而人类对它又欣赏有加，那么艺术中一定蕴含着某种对我们人类不可或缺的东西，就像食物和性之于人。声称艺术具有生命力，与说它具有重要的适应性意图之间，仅仅是一步之遥。如此看来，人类肯定具有一种艺术天性，它与生俱来地存在于人的大脑之中。

艺术是一种生物命令的观点与艺术是文化人工制品的观点相左。后者将艺术视为在当地创制完成的，认为将艺术神化不过是人们新近的发明。

根据这一观点，18世纪欧洲的哲学家和他们心心相印的传世弟子发明了我们今天所知的艺术。休谟和康德这样的哲学家为后人奠定了将艺术视为特殊对象的理论基础。只要那些有品位、受过教育的人或某些机构为艺术命名，艺术就肯定是文化产品。我们会将"架子上的尿壶"尊为高端艺术品。而其他年代的手工艺品——无论是用来赞美神明、驱赶鬼魂，还是用来吹捧强权人物——都根本不是什么艺术品，因为制作这些制品的人没有我们这样的艺术观。

由于我们是从历史的视角对艺术进行分类的，这种方式也支持了艺术是文化人工制品的观点。在更早的年代，将艺术与工艺、艺术家与手艺人进行区分并没有什么特殊意义。那时，音乐是数学和天文学的组成部分；诗歌是雄辩术的一个分支。艺术家一旦获此身份，就为富人和宗教服务。直到18世纪晚期，画廊、公共展览、艺术沙龙和艺术学院才在欧洲初现端倪。艺术机构的民主化超越了教堂和国家，适逢逐渐发展壮大的中产阶级。随着艺术的大众化，艺术的含义与支持它的文化机构一同发生了变化。

在我看来，就艺术究竟是一种生物命令，还是一种文化创造进行激烈的争论，并没有太大的意义，这种冲突使得生物和文化两者都显得滑稽可笑。按照这种构想，生物学的观点是静止的、一成不变的，没有灵活的余地，它假设存在着一种对全人类都适用的制作和欣赏艺术的共同取向，而文化观点则是自由的和可塑的。它假设，人只有深入了解艺术的历史和文化，才能够理解艺术。这两种观点都站不住脚，人类的大脑是可塑的。倘若大脑不可塑，人类就不可能学习、改变和成长。当人们学习骑行单车、阅读书籍、唱咏叹调、弹奏钢琴、跳凡丹戈舞时，其大脑也随之发生变化。大脑的这种变化就是人体学习能力不断巩固的过程。造成一个人的思维与另一人的思维相似或不同的，是其大脑，而不是他们的心脏或肝脏，也不是空气或苍天。在另一种极端看来，那种认为丰富多彩、千姿百态的文化与人的大脑毫无关联的看法没有任何意义。文化源自人的聚集，而这些人都拥有智力，就这一点来说，文化源于人的智力的汇集。毋庸置疑，文化和大脑以各种复杂的方式相互影响。鉴于这些来自不同方向的影响，不再试图将艺术解释为这样或那样是较为明智的；当然，在尝试理解艺术时，可从生物学和文化角度加以理解，这样的方式是可取的，有些问题用生物学方式回答会好些，而另一些问题则通过文化分析的方法回答更准确。

从神经科学的视角看，我们可以发问：大脑中的哪些系统可能预编了程序，并遵循一条预期发展轨迹；哪些系统特别具有可塑性，可以随着环境条件的变化而变化。为说明这些有关大脑可塑性的观点，我们从视力和语言这两方面切入。除非患有眼部或神经系统疾病，每个人在儿童期便发育出了纵深感知力。人的视网膜捕获的信息传送至大脑的枕叶皮层，由于一种特殊设计，来自两只眼睛的信息在专门排列的神经元中汇合在一起，从而使人具有了纵深感知力。只要人的双眼睁开并加以校准，人就会自然获得纵深视觉，并以此与其空间环境进行互动。这种因环境暴露而触发的预编程序学习是与生俱来的。

语言上也有类似的情况发生。只要我们暴露在人的交谈环境之中，且我们又没有神经系统的疾病，我们就是在学习语言。这种学习多少也是与生俱来的，虽然略有不同。不同民族所学的各种语言听起来可是南辕北辙，没有什么共同之处。尽管捷克人和中国人获得纵深视觉的方式相同，但他们却不可能听懂对方的话。一直以来，纯理论语言学的一项主要任务是揭示"通用语法"，将其作为不同种类语言的基础。语言和纵深感一样，是通过一种预编程序的方式后天习得的，这种预编程序方式是由生物机理推动的。但是，与人的视觉纵深感不同，语言在表现自身时显示出各种巨大表面差异，而这种差异是由于区域的不同而形成的。在这些表面的差异之下，所有的语言在结构上潜藏着更深层次的统一性。要看出这种更深层次的统一性，需要人们仔细挖掘。

那么阅读和书写又是怎样的情况呢？我们先看看与口语的不同之处。人的阅读和书写能力是传授而得的。对一页纸上潦草弯曲的各种笔画，即便盯上再多的时间也不解其意。阅读和写作是习得性行为，并非与生俱来。迄今发现的人类最早的文字大约出现在公元前 4000 至公元前 3000 年之间，这些文字在世界不同地方发现，包括美索不达米亚、中美洲、中国、印度河流域和埃及等地区。令学者们迷惑不解的是：上述地区的人究竟是各自独立地发明了文字，还是文字经由文化交流而各自使用开来的？不论此问题的答案是什么，在人类早期，书写系统采用象形文字的"原始书写法"持续了数个世纪之久。在书写方面，一个有趣的事实是：即便不同的人群自发组合成复杂的社会结构，但书写的文字并不一定必然产生。夏威夷、汤加、非洲撒哈拉以西地区那些令人印象深刻的王国，以及沿密西西比河居住的最大的印第安人土著族群，都没有自己的书写系统。而庞大的印加帝国，即便没有书写系统，其统治照样从 13 世纪持续到了 16 世纪。由此看来，书写并非人类大脑进化的必然产物，最好将其视作一个外插件—— 一种植入大脑的其他嵌入特性中的文化工具。

即便是一种文化工具，书写在大脑中也有其专有的位置。脑损伤能够造成人在阅读和书写方面的选择性失能。1892 年，法国神经病学家约瑟夫·朱尔·德热里纳（Joseph Jules Dejerine）描述了一种被称作纯失读症的疾病。得这种病的人即使能书写，也不能阅读。最近的功能磁共振成像术（fMRI）研究表明，大脑的左枕颞部位的局部有一片组织文字的区域，这片区域现在被称为视觉文字组合区。与视觉纵深感或掌握口语一样，它是一种智力能力，不是以预编程序的方式在人的大脑中存在的。阅读在人类生活的诸多方面发挥着至关重要的作用。

它让我们可以欣赏萨曼·拉什迪（Salman Rushdie）、村上春树（Haruki Murakami）、尤多拉·韦尔蒂（Eudora Welty）、约瑟夫·康拉德（Joseph Conrad）、加布里埃尔·加西亚·马尔克斯（Gabriel Garcia Marquez）、本·奥克利（Ben Okri）、弗拉基米尔·纳博科夫（Vladimir Nabokov）和托妮·莫里森（Toni Morrison）等人的作品。它是人类学习掌握的一种文化工具—— 一种给人类带来巨大优势和快乐的工具，即便现在看来也是一种必不可少的工具。

回到前文从生物学和文化角度对艺术的审视这一主题上，我们应该认为欣赏艺术与视觉纵深感、理解口语或学习阅读大同小异吗？欣赏艺术作为人的一种天性是与生俱来的吗？尽管其表面上各不相同，它有一套通用的基本原理吗？它是一个文化的人工制品——或许蚀刻在人的大脑中，在人类生活中十分重要，但却并非帮助人类祖先生存下来的某种东西吗？

在我们做进一步论述时，须始终在头脑中关注艺术作为生物命令和艺术作为文化的人工制品之间的张力。不管怎样，我们应当使这两种观点相互协调。但在试图实现其相互协调之前，我们将看看，在涉及艺术方面，生物学，或者更精确地说，神经科学能告诉我们什么。从那一区域出发，我们将一路穿越各种问题——那些给神经科学带来各种困惑的问题，那些在研究艺术的进化基础之前最好交由历史学、社会学和人类学解决的问题。

第 19 章

描写性艺术科学

听到鸟这个词时，你想到了什么？许多人想到了知更鸟。知更鸟是一种很棒的鸟，比鸵鸟强很多。鸵鸟看起来体型过大，也不会飞，难以符合作为鸟的标准。那鸭嘴兽呢？即使有喙并下蛋，但鸭嘴兽看上去根本不像鸟。20 世纪 70 年代，心理学家艾莲娜·罗斯（Eleanor Rosch）和她的同事们把关于究竟是什么将某物划为某个类别的合格样本这样的直觉知识发展为所谓的"原型理论"。根据这一理论，很多类别并没有清晰可辨的界线。相反，人类之所以认为某一类别如此理所当然，是因为某些成员比其他成员更符合该类别。神经科学家和心理学家在研究艺术时，往往关注艺术原型，而不是那些看起来不入流的艺术作品。这种对艺术原型重视的结果之一就是，我们这些科学家在设计研究规划时，很少顾及当代艺术，或很少与艺术家和艺术评论家交谈。

对神经科学家早期撰写美学著作的浪潮，我将其统称为描述性神经美学。这种类型的学术研究发现了艺术家的创作和人的大脑处理信息之间的相似之处，其基本观点是，艺术家凭借其特殊的天赋，将人观察世界的奥秘表现得淋漓尽致。有时，这些艺术家会先于科学家寻觅到诸多的发现，而这些发现只是在较晚时才由神经科学家在研究大脑如何处理视觉的过程中获得。在下文中，我将举例说明艺术家和神经科学家身居其间的两个平行的世界。

因创造神经美学一词而出名的视觉神经科学家泽米尔·泽基（Semir Zeki）指出，20世纪之交，艺术家们便开始仔细研究各种不同的视觉属性，采用的方式与自那时起神经科学家所采用的方式一模一样。第一次世界大战期间，科学家才第一次意识到，人的大脑将视域细分为不同属性。他们遇到很多从战场上归来、脑部遭受弹片创伤的老兵，弹片非常精准地击中了其脑部分管视觉的不同区域。由此，一个士兵可能失去分辨颜色的能力，另一个士兵则失去了分辨形状的能力，还有一个可能失去了观察运动的能力。英国神经病学家戈登·霍姆斯（Gordon Holmes）仔细研究了这些士兵的视觉问题的类别，弄清了人的视觉系统的基本运作机理。人眼捕获的信息先传送到大脑后部的枕叶皮层中，被细分为各不相同的属性（如颜色、亮度、形状、运动和位置），然后在大脑的不同区域中分别进行处理。因为这些属性构成人的视域，因此，早在霍姆斯弄清人的视觉大脑的基本原理之前，艺术家们就在精确地探究这些属性，便一点也不足为奇了。

泽基意识到，艺术家们是在探索人的视觉系统本身，而不是用视觉属性创造一个现实世界在视觉中逼真的再现。亨利·马蒂斯（Henri Matisse）和安德烈·德兰（André Derain）等野兽派画家，以及青骑士社成员瓦西里·康定斯基（Wassily Kandinsky）和弗朗茨·马尔克（Franz Marc）等人认为，表现形状的清晰轮廓不需要使用颜色。作为一种替代，他们用颜色表达情感。立体派画家则与他们正好相反，巴勃罗·毕加索（Pablo Picasso）、乔治·布拉克（George Braque）和胡安·格里斯（Juan Gris）等人则着迷于外形，他们试图向人们展示，人类可以不必局限于某一特定视点而描绘出物体的视觉形态。杜尚在其作品《下楼梯的裸体》（*Nude Descending a Staircase*）中就试图捕捉到步态。正如菲利波·托马索·马里内蒂（Filippo Tommaso Marinetti）在《未来主义宣言》（*Futurist Manifesto*）中所宣称的那样，未来派画家也关注速度和技术背景下的运动，以及 20 世纪初期令人头晕目眩的节奏。考尔德凭借其移动塑像在分隔运动方面一举成名，他将形状和颜色减少到最简单的形式；他的作品的过人之处在于，它充分展现了处于相互关系中的不同部分的运动。

　　艺术家通常关注那些我们的视觉意念认为重要的诸多特征，而不是自然界中物体真实存在的方式。视觉科学家帕特里克·卡瓦纳（Patrick Cavanagh）指出，画家经常违反自然界光线、阴影和颜色原理。一般而言，人们不会注意到这些有悖常理之处，因为它们与我们意念中显示物体的方式并不冲突。例如，画家能够准确地将阴影描绘得比投射阴影的物体的实际亮度更低，但他们往往不能准确地画出阴影的形状和轮廓。人类对阴影形状的感受转瞬即逝、千变万化，不能提供世上各种物体的可靠信息，人的大脑从不习惯于关注这些形状。同样，透视效果也没有在艺术作品中得到准确的描绘。古埃及的画作运用简单的垂直交叉，而不是人们处理光折射原理应使用的弯曲来表现透视效果。比如，如果从某一角度看水中的铅笔，我们看到的铅笔呈弯曲状，即使我们心中清楚铅笔始终是直的。既然我们知道铅笔插入水中时并未真的发生弯曲，因此也不太在意画作是用直线而非用曲线来描绘发生折射的对象。卡瓦纳说，艺术家开发并使用了传达物体信息的便捷方式，没有盲目遵从物体在人们仔细观察下实际显现出来的属性。艺术家的手法效果精确，因为人类大脑经过进化，只关注诸多"真实"视觉特征的某个子集。

就艺术家如何（至少是含蓄地）理解大脑处理视觉信息的方式，神经学家维拉亚涅尔·拉马钱德兰（Vilayanur Ramachandran）做出了类似的推测。拉马钱德兰提出了若干原理，将其作为艺术的"普遍原理"。在谈论人们对美的反应时，我们就遇到了其中最重要的一条原理——峰移原理。这一原理是指，人对特定的刺激有确定的反应，刺激的过分增强使得人的反应亦更为强烈。拉马钱德兰使用峰移原理来描述 12 世纪位于南印度乔拉（Chola）王朝各种青铜雕塑身上发生的事情。雪山女神（Parvati）的雕像带有诸多夸张的性别二态特征：巨乳、肥臀、极为纤细的腰。拉马钱德兰声称，这种体态体现了女性的春心、优雅、端庄和高贵，借助运用峰移原理的优势而在艺术形式上获得的魅力。他进一步推断，人们对抽象艺术的反应，是一种从基本反应到原始刺激的峰值偏移，即使当时他们并不知道或想得起原始刺激。

哲学家威廉·希利（William Seeley）指出，艺术家运用各种技巧让人们关注一件艺术品，他将艺术作品称作"注意力引擎"。与此相仿，视觉神经科学家玛格丽特·利文斯通及其同事探索了艺术家如何制造各种特效来开发人的大脑处理视觉信息的方式。这些特效可以是印象派画家制造的朦胧闪烁的色泽，抑或是蒙娜丽莎那谜一样的微笑。我前文曾提到，视觉大脑将视力细分为形状、颜色、亮度、运动和空间位置等基本属性。神经科学的一个基本信条是，这些属性被隔离在两个相互作用的束支中。形状和颜色在一个束支中进行处理，告诉人们一个物体为"何物"；亮度、运动和位置则在另一个束支中处理，告诉人们物体"何在"。利文斯通提出，当物体用相同的亮度但不同的颜色描绘时，在某些印象派画作［如莫奈的《日出印象》（*Impression Sunrise*）中的太阳和周围的云彩］所画的地平线上，水或太阳光朦胧闪烁的色泽就会被呈现出来。"何物"束支用同样亮度看到了物体，而"何在"束支却看不到。由此，这些画作中同等亮度的物体看上去闪烁发光，是因为人的大脑不能精准地确定它们的位置。

利文斯通还解释了蒙娜丽莎的微笑呈现出谜一般状态的原因所在。人的视觉系统对不同的视觉频率十分敏感。在人的视野中心，即直接凝视的部位，我们能清晰地见到各种细节，这些细节被转为高频信息传送。相比之下，人的周边视觉对明暗的亮度变化十分敏感，换言之，对低频十分敏感。由此可见，高频视觉就像是在看树木，而低频视觉就像是在观森林。倘若我们取下《蒙娜丽莎》，对其影像进行过滤，只保留那些高频信息或低频信息，我们会发现一个十分有趣的现象。蒙娜丽莎的微笑只在保留有低频信息的影像中显现出来，而在只有高频信息的影像中则踪影全无。利文斯通指出，当我们看这幅画的背景时，一旦在周边视觉中留意到了蒙娜丽莎的嘴时，我们就看到了她的微笑；而当我们直视她的嘴时，微笑就消失不见了。这就像只有我们并未直视某人，我们才会觉得他在朝我们微笑一样。正是这种似有似无，才让她的微笑看起来如此神秘。不过，她真的在微笑吗？

在某些圈子中，由于存在艺术家和神经科学家这两个并行不悖的世界，人们宣称艺术家——无论是普鲁斯特（Proust）还是塞尚——实际上都是神经科学家。这是一个精明的主意，获得人们的关注，但对此不必太较真。艺术家绝对是他们所在领域的行家里手，他们的某些理念和技法与我们掌握的有关大脑的知识相契合也就不足为奇了。他们怎么能不这样呢？任何精巧地开发出各种物品满足人类的需求和欲望的心理场，都肯定与人的大脑工作机理相契合。建筑师设计出多种整体的方法，以构建人们的生活空间并引导人的活动，他们的一些设计原则无疑是与人的大脑的实际运作相契合的。厨艺大师们创制出口感和味道馥郁繁复的美味佳肴，令人拍案叫绝，味蕾大开，愉悦并滋养着食客。而这些馥郁繁复的味道无疑也有神经上的对应物。演员是创造出各种表情、姿势和对话的行家里手，诱使观众以假当真。他们借以表达的各种技巧，与神经生物学有关人们如何了解以及如何相互理解的诸多复杂方面不谋而合。在前文关于金钱的章节中，我们知道赌场的经营者确实懂得人的大脑对回报做出反应的方式。难道我们会宣称弗兰克·格里（Frank Gehry）、贝聿铭（I. M. Pei）、雷切尔·蕾（Rachel Ray）、埃默里尔·拉加斯（Emeril LaGasse）、摩根·弗里曼（Morgan Freeman）、海伦·米伦（Helen Mirren），甚至唐纳德·特朗普（Donald Trump）都真的是神经科学家吗？宣称艺术家是神经科学家，对创作艺术或从事科学研究的过程和严苛都有失公允。说艺术家是神经科学家，就好比因为鸭嘴兽和鸟的脸部前方都有相似的突出物，就说鸭嘴兽是鸟一样。

迄今为止，描述性神经美学一直关注于研究艺术视觉属性和视界神经系统机体组成之间的相似之处。然而，艺术作品所描述的要远超视觉属性，它们还能够传达感情，表现主义的艺术理论强调这一功能。艺术能够以精雕细琢的方式传达文字所不能表达的细腻的情感，它首先明确各种情感，一旦成功，就将它们提炼成精华。我们所有人至少模糊地认为，艺术就像人们使用的文字那样传达情感。诺埃尔·卡罗尔指出，人们所使用的许多描述心情的词汇都被用来描述艺术。例如，我们可以将人描述为郁郁寡欢、热情奔放、沉着稳重、兴高采烈、垂头丧气、病入膏肓或诙谐幽默。同样，我们也会用完全一模一样的词汇描述艺术。

据我所知，神经科学家尚未认真考虑过视觉艺术的表现特质。或许，相同的推理表明，艺术的视觉属性反映了大脑的视觉属性，且同样适用于艺术的情感属性。表现性的艺术或许能够给尚有待神经科学家描述的情绪的大脑机体组织提供若干线索，而神经科学家可能对艺术引发人的大脑情感的机理有话要说。

一位神经科学家有可能问若干关于艺术和情感的问题。一块画布、纸张或木板上横七竖八、四处飞溅的线条和色彩如何传达情感？难道审美情感有什么特殊之处，从而使其与其他情感截然不同？究竟是什么在传达情感？作为观赏者，我们只是从一件艺术作品中看出情感，抑或我们自身也能够感受到它呢？

我先给出有关表现性艺术与情感或许相关的一些初步推测。最直白的情形就是画作描绘了人的情感，无论是在伦勃朗（Rembrandt）自画像中的忧郁，还是蒙克（Munch）在《呐喊》（*The Scream*）中的恐惧。我们大多数人都是洞察解读面部情感的高手。心理学家保罗·埃克曼（Paul Ekman）表示，不同文化背景的人能够同样表达并识别诸如愤怒、厌恶、恐惧、幸福、悲伤和惊讶等基本情感。当这些情感表现在肖像画中时，专门识别实际生活中这些情感的神经机制在邂逅美的期间就开始工作。人类也是评判自然景观的高手，知道某个地方什么时候令人向往，什么时候危机四伏，这种综合技能被深深地嵌入那些更新世时期游猎四方的人类祖先的大脑之中。与表达抚慰或做出预兆相类似，绘制景色将启动相同的神经机制，只是对抽象形象是如何传达情感的，我们还知之甚少。为什么我们在波拉克的作品中会感受到一种狂热的激情，而看到罗斯科的绘画就能安静下来？为什么人们将红色与愤怒、蓝色与悲伤联系起来？为什么丰满圆润的形状令人愉悦，而参差不齐的边角使人警觉？将绘画中的形状、色彩、运动和位置等基本视觉属性映射到情感色调上来的诸多原理，还有待破解。

所有人都有过不同程度的情感体验，位于最高层次的是情感与认知系统的交互作用。我们看待情境的方式或许影响着我们对情境的情感反应。心理学家已将这种观点发展成所谓的"情感评价理论"。根据这一观点，人是根据其自身的目标和欲望解释世上万物和各种事件的，主观心态影响着由这些事和物引发的各种情感。这就是同样的物体（或绘画）可以使一个人感到愤怒，使另一个人感到好奇，而使第三个人兴致盎然的原因所在。人的主观心态、目标和动机与艺术引发的情感之间的相互作用的神经支撑基础还有待研究。艺术品引发观赏者另一层次的情感和情绪，被唤起的情绪不一定直接附着在艺术品之上。例如，听上一段音乐会让人感到悲伤或兴奋，或许它只是放大了人们已感觉到的情感的萌动。或许，在人们欣赏音乐或凝视艺术作品过后，心中的感动还久久难以平复。至于艺术是如何引发人的边缘系统各个部分内部的神经活动，并向人的身体中连续不断地释放激素的作用机理，仍有待探索。

比情绪更为基本的是反射性情绪。某些图像能够激发惊讶或大笑这样的瞬间反应，像厌恶之类的瞬间反应毫无疑问地利用了适应性一般反应。还有些瞬间反应受到了人类个人经验的影响，此类情感反射似乎是未经过中间步骤由思维产生的。它们通常会造成瞳孔大小、心率和皮肤传导的迅速变化，这些都是人的自主神经系统开始启动的标志，因为植根于自身的逃跑和战斗反应是所有活动生物所共有的。

神经美学的描述性形式以生动有趣且时常富有远见的方式，把基于经验的科学知识带入关于艺术作品的讨论之中，提出了第一份艺术如何与大脑相关的蓝图。描述性神经美学还要求适当的审慎，否则会诱使人们以为，他们的知识建立在比实际情况更为坚实的基础之上。其中的危险在于，人们开始将描述性神经美学的推测当作必然结论。为使这些猜想坚实可靠，我们尚需进行各种实验。我们需要验证由描述性神经美学的推测所产生的各种预测。换言之，我们需要的是实验性神经美学。

第 20 章

实验性艺术科学

　　古斯塔夫·费希纳（Gustav Fechner）是一位实验心理学和实证美学的主要先驱。1860 年，他出版了《精神物理学原理》（*Elements of Psychophysics*）一书，这是一部如何量化人的感觉的专著。费希纳发现，人对感觉的心理体验与世上物体的自然属性（如亮度或音量）高度关联。1876 年，他出版了专著《美学入门》（*Primer of Aesthetics*），将其精神物理学方法延伸至美学领域。

　　费希纳的实验标志着科学美学的开端。他研究美学的方法是自下而上法。自下而上的含义是，他研究大小、形状、颜色和比例等简单视觉特征如何影响人的偏好。例如，为找出何种矩形讨人喜欢，他对黄金比例（在第 9 章 "数字之美" 中所见各种比例）进行了早期研究。他的简单视觉特征的精神物理学对美学做出了巨大贡献，无数相关实验接踵而至，持续了一个半世纪之久。他的方法论创新是，集合大量简单刺激因素，然后算出众人反应的平均数。在费希纳之后，研究人员可以使用统计数值而不是自己的观察或一两个人的主观感觉来验证假设。

难道将人的视域缩小至其各个组成元素是研究知觉或美学的最佳方式？ 20 世纪前半叶的格式塔（完形）心理学家们并不这样看。三位德国心理学家，马克斯·维特海姆（Max Wertheimer）、库尔特·科夫卡（Kurt Kofka）和沃尔夫冈·克勒（Wolfgang Köhler）倡导一种完全不同的方式。他们认为，探究简单视觉特征会如何妨碍人的注意力，使整个过程看起来过于被动，是认识知觉的错误方式。相反，他们假定人是从整体上看待世界的。人的头脑不断将视觉元素组成更为复杂的视觉块，科学家应该研究这些组起来的视觉块。他们描述了被称之为邻近、延续、类似和闭合等组块原理（chunking principles）。可以试想一下，倘若没有上述这些组块，世界将是一个由未发展完善的视觉元素构成的热火朝天、喧嚣嘈杂的混沌体，除此之外，这些原理的细节对于我们当下的讨论无关紧要。随着心理学家鲁道夫·阿恩海姆（Rudolph Arnheim）所从事的研究的进展，格式塔感知方法在艺术上的应用在 20 世纪中叶达到顶峰。阿恩海姆强调诸如平衡、对称、组合以及动感视觉力等形式原理是欣赏艺术的决定性因素。

经验主义美学的下一个主要趋势是从感知向专注和情感的作用转移。20 世纪中叶的这次转移还使经验主义雄心勃勃的事业更接近神经科学。丹尼尔·贝莱恩（Daniel Berlyne）强调了唤醒和动机因素在人们观赏艺术的体验中的作用。艺术中新颖、惊奇、复杂和模糊等特性，以及不在心理物理学或格式塔科学家们考虑范围内的特性，都十分重要。例如，他认为，在人们感到有吸引力的物体中含有最佳的复杂水准。相对于最佳复杂水准，那些复杂性较低的物体，则提不起人们的兴趣，但过于复杂的物体，则显得杂乱无序、咄咄逼人。在贝莱恩看来，此类最佳配置使观赏者产生一种醍醐灌顶的效果，激发审美体验中的情感反应。他所从事的工作与美学的感知和认知方面密切相关，并强调与神经生理学的联系。

经验主义美学中那些探求人是否对视觉图像的特性做出反应的方法，在那些运用现代图像统计数值的科学家那里得到再次运用。他们的研究表明，艺术品包含吸引人的可计量参数，即使人们还不十分清楚这些参数是什么。例如，分形维数（fractal dimensiong）是指形态在不同程度上重复的方式，分形体存在于不规则但有图案的自然形状中，犹如枝繁叶茂的大树和蜿蜒曲折的海岸线。分形维数在 0 ~ 3 之间。一维分形体位于 0.1 ~ 0.9 之间；二维分形体位于 1.1 ~ 1.9 之间；三维分形体位于 2.1 ~ 2.9 之间。照片或画作等各种平面图像中所显示的大多数自然物体的分形维数在 1.2 ~ 1.6 之间。

通过观察杰克逊·波洛克（Jackson Pollock）的水滴画，物理学家理查德·泰勒（Richard Taylor）把注意力转移到了分形维数上来。他和他的同事们发现，波洛克早期画作的分形维数在 1.45 左右，这也是很多海岸线的分形维数。随着时间的推移，波洛克的画作变得更加华丽复杂，分形维数也随之上升，高达 1.72。在对波洛克的画作进行上述观察后，泰勒发现人们偏爱分形维数在 1.3 ~ 1.5 之间的人工图像。有此区间分形维数的图像既不太规整，又不太随意。

在泰勒使用这一方法鉴定据称是波洛克所作的新画作后，他的这种说法受到了质疑。他是应波洛克 - 克拉斯纳基金会（Pollock-Krasner Foundation）的请求来进行鉴定的，得出的结论是那些新画很可能不是真迹。然而，他的结论受到物理学博士生凯瑟琳·琼斯 – 史密斯（Katherine Jones-Smith）以及物理学家哈什·马图尔（Harsh Mathur）的挑战。他们

声称，泰勒的方法原则上不能完全确定一幅画的分形维数。他们还展示了
Photoshop 应用软件所画的一个简单线条，该线条具有泰勒认为是波洛克
画作典型特征的分形维数。据我所知，他们之间的争论还没有决出雌雄。
我不是一名称职的数学家，说不准谁对谁错，不过，他们的争论仍在最具
声望的科学期刊之一《自然》（*Nature*）杂志上继续进行。

泰勒提出了人们对艺术作品中所隐含的数学规律（正则性）进行反应
的可能性。德国的克里斯托弗·雷迪斯（Christopher Redies）与美国的丹
尼尔·格雷厄姆（Daniel Graham）和大卫·菲尔德（David Field），各自分
别确认并发展了这一基本观点。这些科学家发现，视觉艺术和自然景观具
有相同的统计特征，包括二者特有的比例恒定性。这一特性意味着无论将
图像放大或缩小，即无论是远眺大山，或将图像拉近，细看山腰上的一块
石头，二者包含的信息种类都是一样的。这是整幅图像而不仅仅是特定细
节的特性。这些研究人员利用傅立叶图像功率光谱识别出了视觉艺术的比
例恒定特性。傅立叶光谱在任何图像中从低（宽条）到高（细节）画出了
空间频率的幅度。

我们的目的不是探究数学细节，而是只需知道，自然景观具有典型的
傅立叶光谱。这些研究人员比泰勒更进了一步，他们明确将艺术图像的统
计特性同神经细胞所关心的高效处理信息的方式联系起来。

雷迪斯发现，从 15 世纪的雕刻到 20 世纪的抽象艺术，西半球许多艺
术样本的傅立叶光谱与自然环境画作中的傅立叶光谱有着近似的明暗关
系。这些光谱与人们在实验室照片和居家用品、植物和植物局部以及科普
插图中看到的光谱不同，仿佛艺术家是用统计特性在创作艺术，这些特性

并不一定与物体照片中的特性相同。相反，艺术家运用复杂自然景观常见的傅立叶光谱成像统计数据创作各种图像，此类成像统计数据也适用于创作抽象形象。雷迪斯发现，创作手法、创作年代与艺术家的出生国度等文化变量和艺术题材并没有改变艺术的定量参数。格雷厄姆和菲尔德还仔细观察了 124 幅包含东西方艺术的博物馆馆藏画作，发现了类似的隐藏的统计特性。更有趣的是，雷迪斯观察了脸部照片和绘制画像的傅立叶光谱，发现绘制画像的统计特性更接近于自然景观而非人脸的统计特性。

这些关于人类喜欢带有内嵌特定可计量参数的图像的发现，是费希纳发起的研究项目的最新版本。他将这类实验称作"外在精神物理学"，如此称谓是指人的心理状态和外在世界的物质特性之间存在符合规律且可计量的联系。外在精神物理学也可以被看作对物体的美学特性的研究，这些特性是客观的，但能够在人的心中引起审美体验。费希纳也认可存在着"内在精神物理学"（即将心理状态和人的大脑的自然特性联系起来）的可能性。19 世纪，科学家根本不能对内在精神物理学进行研究，因为所需要的技术当时尚不具备。而在 150 年后的今天，我们已准备好着手研究美学的内在精神物理学。

然而，在开始探讨美学的内在精神物理学之前，让我们先来回顾一下与艺术邂逅相关的整个大脑的机体组织。前文曾提到过，审美体验有三个核心元素：感觉、情感和含义，每一个都有不同的神经支撑基础。当然，对感觉的神经反应本身的多种多样，则取决于艺术是通过视觉、听觉、味觉和触觉中的哪种方式被接受的，因为每一种感觉系统都有自己进入大脑的入口。就本书的重点视觉而言，其处理过程可分为早、中、晚三个阶段。早期阶段，视觉处理过程将颜色、亮度、形状、运动和位置等简单元素从视觉环境中分离出来。费希纳的精神物理学主要关注大脑对这些简单元素的反应。中期阶段，视觉处理过程分离出一些简单元素，并将剩余元素聚集起来形成浑然一体的区域。由于与艺术相关，像阿恩海姆这样的格式塔心理学家曾对该阶段视觉处理过程进行过研究，然而他并没有十分明确地提及大脑。晚期阶段，视觉处理过程辨别物体以及由物体引发的各种含义、记忆和联想。伴随从感觉到含义的过程，情感和鉴赏系统被激活。神经元为感觉、含义和情感编码，神经元活动中的某些组合是审美体验的神经显现。

有些研究已使用艺术品，以便对发生在大脑中的审美处理过程进行定位。请允许我先让各位领略一下这些研究（实在没有面面俱到的意图），然后从中得出一些结论。

神经科学家川畑爱义（Kawabata）和泽基要求其大脑正在接受扫描的人为抽象物、静物、风景或肖像画打分，评定为美丽、一般和丑陋。如你所期待，人的大脑的腹侧视皮层内活动的方式多种多样，取决于主体是在看肖像、风景还是静物。你会期待这种方式，因为大脑这部分不同区域已适应了对脸部、位置或物体做出反应。眶额叶皮层和前扣带回（如前所见，是奖赏系统的重要部分）对美丽的图案反应活跃。当人们体验各种不同快感时，这个区域同样表现得很活跃。奥辛·瓦塔尼安（还记得他对维诺娜·赖德的钟爱吗）和维诺德·戈埃尔（Vinod Goel）也在功能性磁共振成像研究中使用了具象派和抽象派画作中的形象。他们发现，人越喜欢画作，其大脑枕部皮层和左前扣带回中的活跃程度就越高。

那么大脑对抽象图案的美的反应又是怎样的呢？雅各布森、舒博茨（Schubotz）、赫费尔（Höfel）和冯·克拉蒙（von Cramon）采用了一种不同的策略来回答这个问题。他们在试验中使用了实验室设计的几何形状，而不是真的艺术作品，让实验被试评判这些图案是否美丽或是否对称。这种方式确保被试做出评判时对图案进行了仔细的观察，同时他们评判的标准因条件不同而不同。科学家们发现，与对称判断相比，对美的审美判断更多是由中间和侧前额皮层，以及接近大脑后部一个被称作楔前叶的部分激活的。这些区域是延伸的奖赏回路系统的一部分。

磁共振成像并非研究思维与大脑之间关系的唯一手段。卡米洛·塞拉–孔德（Camilo Cela-Conde）、马科斯·纳达尔及其同事使用了一种叫作脑磁图描记术的技术。这一技术记录被试从事特定任务时的脑波，与对大脑运动的位置敏感的脑磁图描记术相比，该技术对大脑运动的时长敏感。这些研究人员安排被试观察艺术品和照片，并让他们评判所见图像是美是丑。图像展示后，通过其对左前侧额叶皮层进行400 ~ 1000毫秒的描记，更美的图像比不太美的图像引发出更加强烈的神经反应。这一发现突显了人类大脑的决策部分能够迅速识别美丽的图像，时间甚至不足一秒！

让我们在审美三要素（感觉、情感和含义）相互关联的背景下考虑上述研究。首先，我们来讲感觉。当然，大脑视皮层的某些部分会对视觉艺术产生反应。肖像激发视皮层中的外貌区域，而风景激发视皮层中的位置区域便不足为奇了，但我们还没有完全弄清楚大脑中的这些视觉区域是否也参与人们对艺术的评判。这些区域会对艺术的美做出反应吗？它们是人们从其所喜欢的艺术中体验到的快感的神经基的一部分吗？瓦塔尼安和戈埃尔指出，当人们观察他们认为更美的图像时，其大脑中这些区域的神经活动确实有所增加。你或许还记得在关于容貌美的章节中的一项研究，在这项研究中，我们发现，即使人们从事与美毫无关系的工作，其大脑的视觉区域也会对美产生反应。当涉及艺术和美时，这些视觉区域或许是人类快感系统的延伸。神经科学家欧文·比德曼（Irving Biederman）在侧枕皮层中更高顺序视觉区域中观测到了神经元含有阿片类物质受体。正如我们从关于快感的章节中得知的那样，伏隔核中的阿片类物质受体接收到了产生快感的重要的化学信号。视觉处理区域中的这些受体或许也在欣赏视觉艺术时发射产生快感的信号。

其次，在研究情感时，我们发现观赏美的艺术所引发的快感激活眶前皮层、前脑岛、前扣带回和侧中前额叶皮层。美食、性和金钱所占用的也是这些相同的大脑结构，然而，我们对这类快感知之甚少。有些研究在大脑中的某些区域（如眶前皮层）发现了激活作用，而在另一些区域（如侧中前额叶皮层）却没有发现。将不同艺术作品所引发的对这些不同模式激活作用的体验区分开来的究竟是什么？我们对于可由艺术引发的诸如恐惧与厌恶、惊奇与荒诞等百味杂陈的细微情感还知之甚少。

最后，让我们再看看含义在艺术中的作用。对一件艺术作品的简要介绍，或者仅仅是知道艺术家的名字，便能够改变人们在欣赏一幅画作时的审美体验。人们很快便能判断出他们是否喜欢一幅画，但看画作的说明，并大致理解一幅画则需要较长的时间（10 秒钟或更长）。人们也可以得到与他们所看到的相符或不相符的信息。心理学家马丁纳·雅克什（Martina Jakesch）和赫尔穆特·莱德发现，这些不和谐的信息对人们观看抽象画的感受有一种奇特的作用。若得到的信息是含混不清的，人们往往会觉得现代抽象艺术作品更有趣，进而对其钟爱有加。

当艺术被赋予含义时，大脑中究竟会发生什么呢？人的预期是否会影响他们的观赏体验？就这一问题，乌尔里克·柯克（Ulrich Kirk）、马丁·斯科夫（Martin Skov）和他们的同事们着手对艺术的含义进行了研究。倘若回想一下我们早先对味觉的讨论，我们就能知道所喝可乐的品牌是否会对人们享受可口可乐或百事可乐有所影响。柯克及其同事们发现，人们在观赏艺术品时也有类似的关联效应。他们通过功能性磁共振成像观察被试在观看抽象的"相似艺术的"刺激物时的反应。这些刺激物分别贴着来自美术馆或由电脑生成的标签。对同样的图像，与标注着计算机生成的刺激物相比，被试为那些贴有美术馆标签的刺激物打出了更高分值。这种偏好反映为：在人的大脑中奖赏系统部分——中眶前皮层和侧中前额叶皮层——中，出现了更多的神经活动。好好考虑一下，一幅图像是美术馆的藏品也会在大脑内嗅皮层内产生更多的活动。内嗅皮层是一块紧连海马部位的区域，对记忆十分重要。我们通过上述实验看到，含义以人们预期的形式影响其对视觉图像的体验，这点与刚才提到的可口可乐/百事可乐的研究相同。这些预期提取人的记忆，并能够增强在特定情况下削弱其视觉的快感。

只要与艺术有过亲密接触，人们就能够将相关见识带到他们的视觉体验中去。心理学家詹姆斯·卡廷（James Cutting）发现，人仅仅因为时常暴露在印象派画作的环境中，就会对其心生爱意。神经科学家魏斯曼（Weismann）和伊沙伊（Ishai）对观看布拉克和毕加索的立体派画作的被试进行了脑部扫描。一半被试得到 30 分钟关于立体派的信息，并接受在此类表象中识别物体的训练。当观看立体派画作时，这些人与没看过类似画作的人相比，其大脑顶内沟和海马旁回中会有更多的活动。短期训练对他们感知这些画作产生了影响，此类影响可以通过神经系统被记录下来。

对那些拥有和没有专门知识的人进行研究，是另一种途径，可以借此搞清，当已有见识影响到视觉体验时，人的大脑内究竟发生了什么。一项研究招募了建筑专业的大学生作为建筑专家，当他们观看建筑物和人脸的绘画作品时，将他们的反应与其他学生的反应进行比较。与观察人脸相比，建筑专家在看建筑物时，其海马中的活动更多。这种神经反应表明，建筑物绘画作品激活了他们对建筑物的回忆。观看建筑物时，其奖赏系统部分（中眶前皮层和前扣带回）的神经活动也比非专家的更多。在这些例子中，建筑专业学生的建筑知识改变了其快感的程度。相比之下，对于吸引人的脸部和建筑物，无论观看者的专业知识水平如何，伏隔核中都有更多的神经活动。这一核心快感似乎可以记录人们对不同物体的喜好程度，而不受教育和背景的影响。

通过调查这些实验性美学的研究结果，我们发现大脑中没有艺术单元。相反，当邂逅艺术时，人们的主观体验是从那些做其他事情的大脑中的各部分拼凑起来的。这或许表明，与面部和位置一样，艺术有一个特殊的视觉循环系统；或许表明艺术在深藏大脑中属于其自身的位置上会唤起一种特殊的情感；还或许表明，艺术有特殊含义，有别于人们对于世界的日常认知。但事实却并非如此。当大脑在对艺术做出反应时，运用的是负责感知日常事务的大脑结构，包括那些为记忆和含义编码，以及对享受美食和性做出反应的结构。

通过在科学的美学世界中的简短旅程，我们知道，科学家已开始理解人的大脑对艺术做出反应的机制。此时此刻，在神经美学领域进行的研究令人心潮澎湃。在对这一新兴领域激动不已之际，我们或许可以退后一步，并提出如下问题：在面对艺术和美学时，科学的分析审视是否存在着极限？我此处说的不是费希纳所认识到的技术的极限，当时他展现了内在精神物理学的前景，这在他所处的那个时代，要实现这一前景还为时尚早。我说的也不是原则上超出科学范围的极限。大多数实验使用了广为接受的艺术作品作为调查的焦点。科学家该如何对待作为艺术品供奉在博物馆中的尿壶和布里洛盒子？一种策略是将此类艺术视作不入流而不予理会。让我们宣告，这些东西是旁门左道之物，怪异荒诞，应留待他日再用。让我们一门心思探讨那些所有人都认为是艺术的作品。除此之外，科学家或许可以尝试主攻新近的各种艺术运动，并提出这样一个问题：科学的美学能否就概念艺术谈一些有用的见解？下一章我们将回答这个问题。

第 21 章

概念艺术

让我们再来看看五位概念艺术家及其作品。他们中的每一位都广受关注，且声名狼藉。他们的艺术类型被称作概念性的、后现代的、先锋的、超前的和灵光闪现的。普通人一脸茫然地看着此类艺术作品，不禁问道："我的天啊，这是艺术吗？"我们可以问：科学家们该如何看待此类艺术？我们应该将此类艺术在价值上贬为一种纯粹的玩酷，还是应该看看在此情况下科学是否能够提出点有意义的见解？

一幅工业化制作的耶稣受难像漂浮在金黄的琥珀色液体中。这张展示耶稣受难的照片中的光线，看起来虚无缥缈，甚至充满虔诚恭敬，但这金黄色的液体却是作者的尿液。这幅由安德烈斯·塞拉诺（Andres Serrano）创作的《尿浸基督》（*Piss Christ*）画作引发了激烈的争论，而塞拉诺本人是一名天主教徒，对基督教的信仰则是他的隐私。在该作品中，他与自己的信仰及其社会习俗奋力抗争。他对那种教会有权告诉人们怎样评估身体以及某些体液是令人作呕的观点提出了挑战。《尿浸基督》还参考了高更一百年前画的《黄色基督》（*Yellow Christ*）。彼时的高更动身去了遥远的南半球沿海国家，以表达对欧洲文化范式的不屑一顾。塞拉诺是非洲裔古巴人和洪都拉斯人的混血儿，他抵制无所不在的虔诚的文雅世界。钉上十字架是一种丑陋、痛苦、恐怖的死亡方式。然而，塞拉诺领会它现在业已消除恐惧的象征意义，他质疑人们对宗教艺术的象征符号的敬仰，这种敬仰常常被假装为对宗教本身的敬仰。单看他的画，他对宗教的抗争并不明显。相反，他的画作及其标题似乎是在向善良的众生撒尿。

一块蓝色方垫铺在一个房间角落的地面上，垫子的四个角堆满了白色方纸块，露出一具蓝色十字架。这里鼓励人们手拿一张纸。人们很容易看出费利克斯·冈萨雷斯–托雷斯（Felix Gonzales-Torres）的这个艺术作品是某种极简主义的抽象艺术作品，与其说是新奇有趣，不如说是自命不凡，谈不上有什么迷人之处。然而，若知道他的配偶将死于艾滋病，他自己也被生命的短暂和转眼即逝所困，且"蓝十字"（Blue Cross）是美国一家最负盛名的医疗保险公司，便会改变人们在观赏这一作品时的感受。这个从纸堆间显露出来的蓝色十字架以及这个纸堆本身，变成了医疗保险强有力的象征，它极具侵袭性的存在一直延续到人的生命的最后抽搐时刻。让游客放下手中的纸张就是鼓励其参与到与艺术的互动中，并带一个反思题回家。他的艺术需要观众参与行动，以及对激发其艺术灵感的反思题做出回应。

让我们继续沿着几何的脉络推进。想象有两个正立方体，每个正立方体的边长都是 2 英尺，重 600 磅，其中一个是深褐色的，另一个是奶白色的。它们的边和角附近有稀奇古怪的印记，靠近一看是牙印。深色立方体作品的标题是《巧克力：咬》（Chocolate Gnaw），而浅色立方体作品的标题是《猪油：咬》（*Lard Gnaw*）。雅尼娜·安东尼（Janine Antoni）是挖空心思设计出这些塑像的艺术家。她的雕塑试图唤醒人们关注消费的快感与罪恶，以及展示消费与吃喝之间的关系。她分三个阶段完成了这一项目。第一阶段是立方体建造阶段。建造《巧克力：咬》时，她将巧克力融化并倾倒出来，形成 50 磅重的一层，等这层冷却下来再加下一层。而建造《猪油：咬》时，她将猪油填充进一个模子中，然后用干冰将其冷却。整个过程单调、重复、强迫。当立方体建成后，安东尼的嘴成为她下一阶段完成该项目的工具。她张开大口咬向这两个立方体，留下嘴的印记供所有人观赏。她将人类进化的需要——对糖和脂肪的渴望——远远置于任何营养需求之上。她吐出巧克力渣和猪油渣，将咬和吐的举动视作一种文化象征，这种文化大量消耗、不受惩罚地随意丢弃。她将巧克力渣融化，制成心形糖果盒；她把猪油渣与颜料和蜂蜡混合在一起，制成鲜红的唇膏。这些浪漫和欲望的符号不久就在一家靠近巧克力和猪油立方体的精品店中展出。她的艺术作品唤起了人们对侵犯女性自我感知和女性美的消费社会的反思。

在妇女追求美的理念的奋斗中，米雷耶·苏珊·弗朗塞特·波特（Mireille Suzanne Francette Porte）并不是一个陌路人。奥伦（Orlan）是她更广为人知的名字，她于 1990 年开始制作《圣徒奥伦之转世》（*The Reincarnation of Saint Orlan*）。她以自己为主题接受了几次美容手术，并将手术过程向巴黎的蓬皮杜中心（Pompidou Center）和纽约的桑德拉·格林画廊（Sandra Gehring Gallery）做了直播。作为转世的一部分，她选择波提切利（Botticelli）的《维纳斯》（*Venus*）的下巴、让 - 莱昂内·热罗姆（Jean-Leone Gerome）的《灵魂》（*Psyche*）里"赛姬"的鼻子、弗朗索瓦·布歇（Francois Boucher）的《欧罗巴》（*Europa*）的嘴唇、16 世纪枫丹白露（Fontainbleau）画派所刻画的《狄安娜》（*Diana*）的眼睛以及达·芬奇（da Vinci）的《蒙娜丽莎》的额头。给她做手术的医生们穿着时装设计师制作的服装。他们在给她做手术的同时成了她表演中的演员。奥伦将其作品描述为对"固有的、一成不变的、程序化的、天然的、脱氧核糖核酸以及上帝"的反抗。伴随奥伦的艺术而来的是，人们的生活发生了巨大变化。根据美国整形手术协会的统计，2010 年美国有 1300 多万人接受了美容手术，其中 150 万人接受的是有创手术。鼻子整形和眼睑手术位于前五大有创手术之列。

在另一个赞颂痴迷的项目中，一名 27 岁的女子用了 13 天的时间，从巴黎的街头开始一路跟踪一名叫亨利的男子，直到威尼斯。在接近这名男子时，她使用各种化妆品、假发、手套、墨镜和帽子来伪装自己。她打扮成病态的痴迷的样子，但却恰恰缺少一个关键因素：她对亨利一无所知。对她来说，亨利完全是个陌生人，据说是随机选取出来的。这个作品就是《随从韦尼蒂安娜》（*Suite Venitienne*），作者为索菲·卡勒（Sophie Calle）。她说，她从未如此小心翼翼和充满爱意地去做与这名陌生人相关的一切。她创造了极端情感的行为表达，但并没有对这种表达有真切的感受。13 天后，亨利意识到他正在被人跟踪，于是转过身来与她面对面交锋。戏剧性的一幕并未发生。卡勒将这最后的邂逅描述为一个老套路故事的乏味结尾。她的这一艺术原打算展现空虚的浪漫故事，人们很容易陶醉其中。她审视了人类不着边际的幻想，而这种幻想很容易被投射到他人身上。

哲学家阿瑟·丹托将概念艺术称作难以驾驭的先锋派。他使用"难以驾驭"一词是要将其与早期令那些茫然无知的观众感到困惑的艺术运动区分开来。起初，那些早期的艺术运动遭到评论家的冷嘲热讽，后来却被许多人接受认可，甚至顶礼膜拜。最典型的例子就是当年巴黎的美术沙龙拒绝展出印象派的画作，而如今印象派画作早已成为过往所创作的艺术品中最受欢迎的一种。梵高、高更、马蒂斯、莫迪利亚尼（Modigliani）以及毕加索的画作都有相似的发展轨迹。最近，波洛克和德库宁（de Kooning）的印象派艺术作品以及安迪·沃霍尔和罗伊·利希滕斯坦（Roy Lichtenstein）的波普艺术受到公众的疯狂追捧。

丹托认为，大多数当代的概念艺术都不会沿着一开始遭受拒绝、而后受到追捧的轨迹发展。某些概念艺术作品永远不会成为博物馆或美术馆的馆藏作品，也不会堂而皇之地挂在华尔街巨头们的豪宅中。他将此类艺术称作难以驾驭的先锋派，原因有二。

其一，它无视绘画的空间。视觉艺术常见的镀金画框和矩形被彻底抛弃。如今，一堆纸、一块猪油、一个手术切口，或一个偷拍的视频都能算作艺术。此类艺术并不是为了愉悦观赏者的眼睛。绘画美学和视觉感知都无助于引导以这种方式与艺术邂逅。此类艺术的这些事实不会随着时间的推移而发生任何改变，因此，丹托认为，人们绝不会对它感到舒适自在。

其二，丹托之所以认为此类艺术是难以驾驭的先锋派，是因为它的发展不是渐进的，而是流动的、变化的、短暂的，它重新定义自己，并涵盖不同的努力，没有清晰的轨迹。很多此类艺术的从业者与其说像是孤军奋斗、寻求完美典范的寂寞天才，不如说更像激进主义者。此类艺术是否能赢得画廊、经销商、收藏者、拍卖行、重要展览等强大势力的青睐，而不遗余力地对其作品进行展示、销售并为其提供绘画空间，还有待观察。查尔斯·萨奇（Charles Saatchi）集经销商、美术馆馆长、销售商和广告商为一身，他于 2005 年推销自己名为"绘画的凯旋"的展览，其架势似乎要统领当代艺术，将其带回到一个更加保守的绘画空间。

即使当代艺术作品，如塞拉诺的《尿浸基督》，也是在人们所熟悉的画框内愉悦观赏者的眼睛，不过其艺术感染力并非源自美。美和快感或许早已消逝在历史的烟云之中，令人感怀。在很多人看来，当代艺术作品绝不关乎那些持"无利害计较的兴趣"立场的观赏者，而"无利害计较的兴趣"是 18 世纪理论家的想象。概念艺术，如冈萨雷斯·托雷斯或安东尼的作品，旨在让观众积极参与其中，并激励他们改变世界。

艺术评论家布莱克·戈普尼克也强调，艺术作品引发的含义的重要性远远超过感觉和情感的重要性。在他看来，美从根本上说无关紧要。他为《华盛顿邮报》写了 500 多篇关于艺术的文章，却几乎从未使用过"美"这个词。与丹托不同，戈普尼克不倾向于认为概念艺术与早前的艺术有什么本质区别。在戈普尼克看来，艺术永远关乎含义，而含义是在社会和历史的情境下被人们领会理解的。他认为，即使一件艺术作品的形式特征与众不同，但它的内容对人们的观赏依然十分重要。例如，人们常常提及修拉（Seurat）的画作《大碗岛上星期日的下午》（*Afternoon at the Island of La Grande Jatte*）中的点彩派技法、色彩运用以及表现画作表面的新颖方式。然而，评论家首先回应的却是这幅画对少女、职员和骑兵僵死呆板的行进步伐的社会批判，而不是其画风的创新。毕加索表现苦艾酒调羹、玩纸牌和家具的静物画，被广泛视作对大众传媒零售业无所不在的社会评论。在戈普尼克看来，艺术的力量在于含义，它向人们讲述的是大千世界的人与事。艺术史学家和艺术评论家则在层层挖掘艺术中所蕴含的各种含义，使得与优秀艺术品的邂逅成为人们产生内心共鸣的体验。

在研究概念艺术时，有一点非常明显，即概念艺术作品是承载各种观点的媒介。对概念艺术作品的反应，无论是欣赏还是拒绝，抑或争论，都是对包含其中的各种观点的反应。概念艺术表明含义以及理解欣赏艺术时解读的重要性，将我们引向潜藏于所有艺术表面下的重要价值。没有一定的背景信息，如作品创作的背景、艺术家的意图、欲传达的潜在含义，以及作品所参与的文化对话，便不可能完全理解艺术作品本身。

有关艺术中蕴含的含义，科学还能说出点什么有用的东西吗？科学的终极范围难以预测，但据我所知，人们对概念艺术科学还未曾有过认真思考的尝试。让我们再来看一下审美的关键三要素——感觉、情感和含义。科学家尤其关注感觉和情感之间的联系。艺术只要沿着感觉－快感这一线路发展，就经得起经验主义方法调查的检验。科学家可以寻找艺术作品中光线、线条、色彩和形状隐藏的规律，并将它们与各种神经的调谐联系起来，似乎人的大脑就是为此而设计出来的。我们可以检查随艺术作品所引发的情感一同出现的神经反应。到目前为止，神经美学研究的很大一部分仍然以非常简单的方式集中在快感上。如你喜欢什么东西吗？你想要它吗？但是，这一衡量偏好和快感的简单研究途径，并不是神经科学能力的原则极限。

神经科学或许对百感交集有一定的发言权。我们前文中已经知道，伯克和康德均强调崇高的观念，这种类型的美引发一种混杂着焦虑和恐惧的快感。崇高被用来描绘各种自然景观，处于其中的人能够体验到其自身的局限和微不足道。一项最新的研究发现，恐惧能够提升审美体验，并将这一现象与崇高的体验联系起来。人们也同样学到更多有关厌恶心理状态和厌恶神经科学的知识。那些同时产生快感和厌恶的艺术作品，同样也能够采用神经科学的方法进行研究。

与感觉和情感不同，在谈及艺术的文化和历史含义时，人们便触及了神经科学所能提供的知识的极限。现行神经科学方法在弄清楚人脑识别那些稳定并且相对普遍的属性的生物机理方面的效果无可比拟。人能够很快理解某个场景的大体含义，神经科学能够说出这一过程是如何运作的。用同样的方式，人能够轻松地说出，从窗口向外一眼望去能看到什么。并同样毫不费力地说出，从写实的艺术作品中能看到什么。这种能力就是那些对艺术一知半解的观众更喜欢写实画而非抽象画的部分原因——他们能够理解这些画作所蕴含的某些含义。然而，一件艺术作品蕴含的各方面含义会随时间的推移而改变，并且依赖其文化背景、艺术家的意图以及观看者的地方偏见等的相互作用，它们变化多端，很难为神经科学所掌握。赋予艺术力量的单件艺术作品具有丰富的和特定的含义，它天性多变且有宽广的解读空间，因而将神经科学拒之门外。

神经科学或许研究不出具体艺术作品中蕴含的含义，但却可以对含义的影响进行分析。艺术专家和新手对待艺术作品的方式迥然不同，因此，神经科学可以对这些差异进行研究。例如，专家和新手观赏画作的方式不同。科学家可以记录其各自的凝视模式，以搞清楚画作的哪些方面吸引了他们的注意力。我们在前文中看到，人们的背景知识能够改变其对艺术作品和其他物体的情感体验。在可口可乐－百事可乐的研究中，以及在人们为何更喜欢挂在博物馆里的艺术品图案、而非计算机生成的艺术品图案的研究中，背景知识的影响是显而易见的。然而，与可以用来理解艺术作品的知识的多维度相比，这些信息和背景知识对审美邂逅的影响相对来说是单维度的。例如，数学曾在现代欧洲早期智力文化中发挥过重要的作用，影响了绘画。巴特尔·贝哈姆（Barthel Beham）在其 1529 年所作的一幅身份不明男人的肖像画中，描绘了这个坐着的人正在解一道数学题。画中所描绘的数学运算法则被证明是没有任何意义的。它实际上并不是一道连贯的数学题。那为什么这幅画的作者要选择用这样一种方式展现这些数字和符号呢？这类有关探求这幅画创作时的历史和文化背景的问题，不是神经科学能够轻松解答的。神经美学研究即便不能解读特定艺术作品本身的含义，也能够探索含义影响人们审视艺术作品的方式。人们可以进行实验，以弄明白在 15 ~ 16 世纪的欧洲，学习数学对视觉文化的影响，将如何改变观赏者对画作的反应。这种改变可以通过神经系统加以追踪。

概念艺术强调由文化形成的含义，难以承受科学的审视。从上一章我们知道，神经美学的研究在设计上顺理成章地探讨感觉－情感这一轴线。概念艺术迫使科学家研究如何才能将多层含义纳入实验的设想之中。

一些人或许认为，概念艺术令科学家分心，使其不能关注艺术的真谛。与其不遗余力地研究这种新的经常令人困惑的艺术，我们或许应该转而关注非常古老的艺术。研究萌芽阶段的艺术或许能够让我们得到形式纯粹的艺术。我们或许从中能够见证艺术的基本要素的展露，未被如今铺天盖地的速成文化所玷污。回望过去，也许能够为我们提供神经科学如何向前发展的线索。

第 22 章

艺术之源

1940 年 9 月 12 日，四个少年带着一只狗，意外地闯入位于法国拉斯科的一个阴暗的洞穴中。想象一下他们迷失在这一片黑暗中，听着自己的脚步踩在高低不平的地面上发出的阵阵回响。他们也许听到了远处的潺潺流水声，看见了绵延弯曲的岩壁上反射过来的光线和千奇百怪的岩石形状。在这些神秘的地下大厅的岩壁和天花板上，他们发现了一幅动物寓言画，令他们大为震惊。骏马、雄鹿、牲畜和野牛漫步在黑暗之中。四头身形庞大的公牛在行走，其中一头足有 17 英尺长。画有这些动物的岩壁起伏不定、凹凸不平，增添了其形态的深度和动感。画中有一匹颠倒翻转过来的马，巨熊和大型猫科动物隐退于洞穴的最深处。与栩栩如生的动物不同，一个人的体形被粗糙地勾勒出来，看上去好像受了伤。除了动物，岩壁上还散布着各种几何形状，红色和黑色的圈点、线条、方块和几何图案充斥其中。这些艺术作品使用赤铁矿和氧化铁、氧化锰等矿物质制成的黑色、褐色、红色、黄色颜料绘制并着色。这些绘画制作的时间是 1.52 万 ~ 2 万年以前。

在当今这个狂躁不安的世界中，在艺术品尚未被纳入苏富比拍卖行和萨奇家族可及范围之前，让我们的旅程回到艺术的源头，我们或许能够发现处于原始状态中的艺术。哲学家指出了给艺术下定义的各种难点，评论家和历史学家则指出了解读艺术的重重困难。更新世是人类发现早期艺术遗迹的时期。或许，在细细观察远古艺术之后，我们才得以对人类洪荒时代的艺术和审美体验一窥究竟。

据说，毕加索在步行穿过拉斯科洞穴后曾经说过："我们一无所获。"即便真的从未发生，但关于毕加索的这则趣闻轶事却时常被人提及。这则趣闻轶事编造出了一个好故事。早期艺术的标准传说即便没有发生，也是一个好故事。在不断增多的雄辩有力的证据面前，种种传说不攻自破。这则标准传说是，现代人在大约 4 万或 5 万年前从非洲迁移到了欧洲，最终到达西班牙北部和法国南部。一路走来，他们取代了粗野落后的尼安德特人（Neanderthals）。在开拓这片土地时期，他们突然爆发出强大的创造力。这些早期人类摇身一变成了艺术家，在洞穴——如法国的拉斯科和肖维（Chauvet）洞穴以及西班牙的阿尔塔米拉（Altamira）洞穴——中创造出令人叹为观止的画作。人类文化意识的兴盛始于欧洲，然后传播到世界各地。

下列问题对这则标准传说提出一些疑问：这种创造力的爆发是突然出现的，还是逐渐积累而成的？我们能够沿着这一艺术传统穿越历史，并弄明白它是如何一步步发展，进而影响到今日的艺术的。若以那些洞穴画为起点，我们向前追溯多远才能够发现可称之为艺术的东西？艺术是现代人独有的作品，即人类现代大脑才思索的产物吗？难道有一个统一的主题将古代各种艺术创作联系起来吗？

　　找到艺术的源头被证明是一件非常复杂的事情。我们顶多可以说，艺术行为的出现是时断时续的，具有各种奇特的模式。非洲、亚洲以及大洋洲的早期人类使用颜料、打磨骨头、制作珠链、雕刻版画和制作雕塑的时间都大大早于标准传说推测的创造力大爆发时期。请记住，我们只掌握那些历经岁月沧桑幸存下来的艺术作品。史前考古学家只是在那些未受到环境侵袭的地点找到了这些史前古器物，且这些器物是用特别耐用的材料制成的。我们只找到了骨骼和石头的遗迹，而没有发现织物和皮毛的残余。同时代的地区智力和学术资源常常指示我们到哪里去寻找古代艺术的踪迹。我们应时刻将这种耐久性、地理以及资源方面的限制牢记在心，让我们向前追溯，去寻找拉斯科洞穴之前的艺术活动。

　　拉斯科洞穴描绘动物的形式和风格非同寻常，这种形式和风格也存在于欧洲广泛的类似区域的其他洞穴中，其中一些要古老得多。据估计，肖维洞穴中的绘画距今已有 3.2 万年。要了解这些绘画，我推荐去观看维尔纳·赫尔佐克（Werner Herzog）的纪录影片《遗梦洞穴》（*Cave of Forgotten Dreams*）。这些位于肖维的洞穴每年春天会向少数经过挑选的科学家开放。赫尔佐克破例获得进入洞穴的许可，他的电影表现了这些古代美丽绘画的奇特魅力。尽管以后的绘画在风格上与肖维壁画有所不同，但令人震撼的是，它们非常相似：描绘动物侧影的颜色相似，动物并未与背景环境画在一起。要知道，肖维洞穴画和拉斯科洞穴画之间的时间跨度几乎相当于拉斯科洞穴画和卢浮宫落成之间的时间跨度。在超过 2 万年的时间里，相同的动物——野牛、雄鹿、欧洲野牛、北山羊、马和猛犸——以相似的姿态被刻画出来。肖维洞穴画艺术并非某种 1.5 万年后在拉斯科洞穴画中全面展示的传统风格的早期版本。很久以前，该地区的艺术家就开发出各种绘画技艺，包括厚重感和令人吃惊的捕捉运动的能力。肖维洞穴画的艺术规范延续了 2 万多年，变化相对较少。在没有减损这些规范惊人的艺术之美和创作这些作品的卓越非凡的创新方法的情况下，按照现代人的思维方式，有一点仍不得而知，即古代的艺术家为何没有进一步尝试不同的艺术风格，为何没有将动物与环境融合在一起，或从不同的角度去表现它们。既没有人去描绘风景，也没有人去画肖像画！想想 20 世纪的艺术，每隔 10 年都会有新的东西涌现出来。相反，在过去 2 万多年的时间里，这些古代的艺术家们在同一件堪称完美的作品上一遍又一遍不停地打磨，做出各种变化。我们发现，他们是身怀绝技、遵循定式的工匠，而不是一个持续不断的勇于创新年代中的艺术先锋。

艺术在肖维洞穴画和同时代其他洞穴画之前就已经存在了吗？30 万年前至 5 万年前的这段时间有时也被称为旧石器时代中期，在这一时间跨度内，我们能够看出艺术行为的雏形。除绘画外，我们在岩石表面和洞穴墙壁上发现了雕刻作品。尽管欧洲洞穴画中五彩斑斓的动物给人留下了最深的印象，但其中的各种几何图形和变化多端的凹痕却更为常见，且在世界各地都能看到。珠子和贝壳被当作饰物，其中轻便一些的被制作得十分精良，而其他的则略加打磨，还有一些可能刚被发现，因有重要用途而被保存下来。让我们把时间再往前进一步追溯，去看看能够被视为艺术的物体或标记的范围。

早期人类从非洲迁移出来，在中东定居下来。他们从阿拉伯半岛继续前行，抵达南亚和大洋洲，并在 4.4 万～5 万年前的某个时间从这里登陆澳大利亚。来自澳大利亚的证据第一次对艺术行为始于欧洲创造力大爆发时期的观点提出了挑战。早在传说中的欧洲创造力大爆发之前，居住在澳大利亚的人就已经运输和加工赭石，并装饰自己和环境。这些在澳大利亚最早的发现展现出了雕刻和绘画独特的地域风格。在金伯利（Kimberley）卡彭特峡谷①（Carpenter's Gap）发现的可能是着色岩石的碎片，来自 4.2 万年前；来自阿纳姆地（Arnhem Land）马拉库楠加（Malakunanja）2 号和瑙瓦拉比拉（Nauwalabila）1 号有打磨痕迹的赤铁矿块，则来自 4 万年前。

对艺术起源于欧洲这一标准说法的另一个挑战来自位于南非的布隆勃斯洞穴②（Blombos Cave）。这个洞穴坐落于南非开普敦以东大约 180 英里外一个靠近大海的石灰岩峭壁上。洞穴中发现了带有交叉线条的红色赤铁矿的碎片，可追溯到 7.5 万～10 万年前，表现了抽象几何雕刻的技法。洞穴中还有经抛光打磨的动物骨头制成的工具，至今已有 8.2 万之久，是非洲最早的骨质工具之一。从这些被称作"双面岬角"（bifacialpoints）的洞穴中出土了一批石器制品，其制作风格 6.3 万年后才出现在欧洲。除工具外，还有串珠和雕刻，表明居住在这些洞穴里的人喜爱装饰打扮。他们可能从 20 千米外的地方捡拾蚌珠，把它们带回洞穴。这些洞穴人对蚌珠很挑剔，他们挑选出个大的穿成串用来佩戴。这些洞穴人挑选同等大小和色度的贝壳，贝壳的穿孔手法和穿戴方式也相似，这些事实似乎表明，他们的文化有一套成熟的制作串珠的传统技法。

---

① 又称汤格尔玛（Tangalma）峡谷。

② 1 英里 ≈1.61 千米。——译者注

这一时期的早期人类广泛使用贝壳装饰物。在非洲大陆的另一头摩洛哥，也发现了 8.2 万年前带穿孔的贝壳。这些贝壳都有赤铁矿的痕迹和被长期佩戴使用的迹象。人类在中东也制作出了装饰贝壳和珠串。在近东的卡夫泽（Qafzeh）和斯虎尔（Skhul）洞穴中发现了穿孔贝壳，这些贝壳是不远万里从海上运来的，也有赤铁矿残留，能够看出被穿孔的痕迹。从卡夫泽洞穴中出土的贝壳可追溯至 9.5 万年以前，而从斯虎尔洞穴出土的贝壳距今有 10 万年至 13.5 万年之久。由于迷失在岁月中的种种原因，这些一度遍及非洲和中东的制作串珠的传统技法也在 7 万年前骤然消失。

尽管在这些远古串珠上发现的痕迹表明早期人类使用颜料来装饰自己，但事实证明，颜料的使用要远早于那个时期，在赞比亚中部的特温里弗斯（Twin Rivers），发现了 20 万年前的铁、锰矿石（块）。用这些矿石，人们制作出黄色、褐色、红色、紫色、粉红色和青色颜料。而这些特殊矿物质在它们被发现的地区并不是天然存在的，这表明人们是将它们收集在一起运送过来的。这里的人们很有可能将这些颜料用于实用目的，例如，赭石被用来建造工具的黏合剂，类似的颜料可能被用来帮助保护木质工具。但是，从南非平纳克尔岬角（Pinnacle Point）发现的 16.4 万年前的出土文物表明，人类对颜料的兴趣远不止于其实际效用。他们使用高饱和红色赭石块的频率高于使用其他可用颜料的频率；他们有可能对最红的赭石情有独钟，对它的使用也超出其实际效用。

难道赋予这些人装饰能力的智人（homo sapiens）大脑有什么特别之处？或许没有。尼安德特人在 25 万年前就已使用红色赭石，甚至早于在非洲的这些发现。在匈牙利的塔塔（Tata），尼安德特人用一头猛犸的部分臼齿雕刻出一块精美的椭圆形饰板。在同一遗址，一个尼安德特人在一块货币虫化石上刻了一条线，与化石上一条自然断裂的线条结合起来，形成一个完美的十字。尼安德特人用羽毛装饰自己的坟墓和自身。海德堡人（homo heidelbergensis）是早于尼安德特人的人类，或许已在骨头和鹿角制品上按几何方法制作出复杂而有规律的雕刻作品了。

这一时期最令人震惊的发现是各种非常古老的维纳斯人物雕像。维纳斯雕像是一个晚得多的时期（约 2.2 万 ~ 2.8 万年前）的代表作，然而，有两个更为古老的雕像与后来的雕像没有直接关系，分别是贝雷海特拉姆（Berekhat Ram）雕像和坦坦（Tan-Tan）雕像。贝雷海特拉姆雕像发掘自中东戈兰高地（Golan Heights）北部，是一块类似玄武岩的凝灰岩中砾，长 35 厘米。这件雕像距今已有大约 23 万年，其自然形状看起来像是女人的头部、躯干和双臂，她的颈部、双臂和胸部与这块岩石的形状非常契合，经过打磨修饰，突出了这尊雕像具有传统风格的造型。在摩洛哥发现的坦坦石英岩雕像也是经过人工制作的天然物体，长约 6 厘米，表面有 8 道沟，匀称地突出了其人体形状。它涂有铁锰制成的红色染料，截至写作这本书时，距今已有大约 40 万年，是已知的最古老的雕塑。

杯形器是非常古老的石刻雕物，在世界各地均有发现。这些杯形器是在非常坚硬的岩石上发现的杯子形状的刻痕，假如它是用于装饰的，那么在印度的两个石英岩洞穴——位于皮姆伯特卡（Bhimbetka）的礼堂洞穴（Auditorium Cave）和位于达拉吉–查特（Daraki-Chatt）的一个岩洞中发现的系列杯形器，就是已知最古老的"人类艺术"。这些遗址至今已超过29 万年，可能有 70 万年之久。在礼堂洞穴中，一条长约 25 米的大型水平隧道通向一个有 3 个出口的多孔高顶洞穴：整个洞穴的坑道像一具十字架，中间的标记是摆放在那里的一块巨石，有 9 立方米，叫作"酋长石"。这条坑道有 9 个杯形器，都位于一块高出地面的垂直漂石之中，第 10 个杯形器仅有的一道弯弯曲曲的凹槽紧挨着它。没人知道这些杯形器的含义、制作它们的原因以及为什么除了南极洲外的所有大洲都发现有类似的刻痕。

随着我们在时间上进一步向前追溯，有关记载也越来越模糊不清。早在 80 万年前，在南非的旺德沃克洞穴（Wonderwerk Cave）中，就有使用彩色颜料的痕迹。85 万年前，非洲直立人（Homo erectus）就捡拾石英水晶，但没有明显的实际用途。或许，早在那时，人类就喜欢上了闪闪发亮的物体。能够被当作艺术物件的最古老的人工制品是出自南非玛卡潘斯盖特洞穴（Makapansgat Cave）的一块碧玉粗砾。粗砾是地质学家为比中砾略大一点的岩石碎片所起的名称。这块碧玉粗砾不可能自然出现在这个洞穴中，一定是被运到这里来的。这块粗砾以某种方式被打磨，使它的表面看起来粗糙。学者们推测，这块碧玉粗砾之所以被运送过来，是因为它有着特殊的重要性。如果这件器物的确如此重要，那么甚至古老的南方古猿有可能在 250 万 ~ 300 万年以前就已经具备了初步的表达象征的能力。

从对时光的简短回溯中，我们发现，艺术行为并非仅从智人的大脑中蹦出来的一种特殊活动。当然，智人所表现出的艺术复杂程度是更早的人科动物的手工制品中所不具备的。然而，尼安德特人、更早的直立人，甚至有可能是南方古猿，都表现出艺术行为的雏形。

他们装饰身体、骨骼和石头，将这些东西摆放在墓地，他们还携带鹅卵石和串珠，好像它们有什么特殊的价值。虽然可能只有很少一部分装饰物和艺术品得以保存下来，但所发现的装饰物和艺术品的材质和意象的丰富程度，仍然令人叹为观止。迄今还没有一种宏伟、彻底的叙述对上述考古记录给予解释。艺术的传统似乎突然出现，然后持续并传播一段时间，最后在不同年代和地点消失得无影无踪。

随着更多的遗址被挖掘出来，我们对整个旧石器时代的艺术仍没得到令人信服的解释。所有这些艺术活动都由一个单一的功能所激发，或为了满足单一功能，这一说法是讲不通的。人类学家玛格丽特·康基（Margaret Conkey）提出，将所有的发掘物归类为旧石器时代的艺术恰恰使这样一种观念具体化：即在这些发掘物中已出现了代表着一种趋向的艺术载体。她说，总是想按照由简及繁逐级递进的方式对考古对象进行研究，是 19 世纪人类学思维的一种偏见。她认为，更新世时期的艺术有着更为丰富优美的造型，且体现出不同的地方特色。

当涉及古代艺术这些各不相同的案例时，学者们能在某些方面达成一致吗？大多数学者认为，制作这些手工制品需要规划设计，需要掌握某些技能以及拥有基本的社会基础设施。他们倾向于将这些人工制品看作与工具不同的器物，制作出来不是为了实用——至少不以很直接的方式。学者们通常认为，这些人工制品所表现的是象征性行为。这些相同的观点解释了艺术制作的环境，却没有解释艺术作品的含义。当年人们花上好几个小时研磨颜料、捡拾合适的贝壳、雕刻骨头和石头，以及搭建涂墙用的脚手架的原因，至今仍是难解之谜。

还是回过头来看看那些令人匪夷所思的洞穴画吧。这些画究竟有什么含义？既然所有人都认为它们是古代艺术的巅峰之作，那么聚焦它们能否揭示人类制作并欣赏艺术的原因呢？很不幸，答案是不能。18世纪的学者认为，狩猎采集时期的人们制作这些艺术品为的是打发时间，而19世纪的学者则认为，这些艺术品记录了打猎的习俗和仪式。有些学者认为这些画传递了有关动物的实用信息，有些学者则认为它们表现了一种带有魔力的全神贯注，这是杀死动物所需要的，抑或这些画描绘了萨满巫师诱导出的恍惚入迷的状态。另一些学者认为，这些艺术作品描绘了丰收庆典，而其他学者则指出，这些绘画中的各种动物代表人类的不同氏族。在他们看来，这些大型艺术构图描绘的是人类竞争的故事，很可能是当时各种划分领地的方式。还有一些学者甚至假设，这些动物图案和搭配的符号代表着某些抽象原则，如将男女各自分开。

谈及古代艺术，从法国南部和西班牙北部面世的岩壁画是例外，而并非常例。尽管更新世时期的具象作品十分稀有，但人类在非常特殊的地质、生态和人口条件下依然创作出了这种具象艺术。当然，法国和西班牙洞穴中的这些艺术并不代表迈向人类文化进步发展的步伐，而是一个非常本地化的现象。洞穴艺术不过是人类历史上诸多此类插曲之一，而每一段插曲又有其发生的局部原因，并按其特有的轨道发展进化。

为什么洞穴艺术的突然出现只局限于欧洲的这一部分？法国比利牛斯山（Pyrenees）和西班牙坎塔布里亚山（Cantabrian）广阔的石灰石岩层，造就了容纳和保存该艺术所需的地下洞穴。欧洲其他地区类似的洞穴却没有此类艺术的事实，意味着适宜人类创作这种艺术的地质条件不足。适宜的气候也至关重要。法国西南部和西班牙北部紧邻西大西洋海岸线，那时夏天的气温比欧洲内陆地区低6℃左右，冬天的气温则比欧洲内陆地区高8℃。这种温和的海洋气候，制造出独特的景观，它有附近欧洲其他石灰石洞穴中未曾发现的冻土地带植物群。这一区域十分开阔，拥有大量营养丰富的贴地生长植被，吸引着驯鹿、马、牛、欧洲野牛、红鹿等众多食草动物，同样也吸引着更多的像野山羊、猛犸象、犀牛和野猪等非主流物种。这些食草动物随后又招来各种食肉动物，如狮子、猎豹和棕熊。这些动物——捕食者和被捕食者——是洞穴艺术的主题。由于食物极其丰富，人类的数量大幅增加。他们不再以游牧方式到处迁徙，而是在这一地区定居下来。自然环境与丰富的资源和日益增长的人口结合在一起，为这些洞穴艺术的诞生提供了条件。

然而，为什么这种神奇的艺术传统在延续了2万多年后会消失了呢？大约1.4万年前，上一个冰河期快结束时，地球气温突然升高了至少8℃~10℃。由于此次全球变暖，地球的景观发生了变化，完全被草木覆盖。人类赖以生存的生长于广阔原野的动物种类，被新的、体型较小的林地动物种类所取代。日渐稀少的资源意味着不断萎缩的人类栖息地。人类的技术和文化的复杂程度也降低了。除绘有图画的石块和简单的雕刻外，艺术品几乎从世界的这一部分彻底消失。我们真的不知道，是否还有一些在遥远的过去曾一度繁荣而后又消失不见的复杂的艺术传统，正等着我们去发现。

我们在结束探讨当代艺术时心中抱有这样的希望：回顾遥远的过去或许能够让我们澄清问题。很明显，这一策略没有奏效。无论是在熙熙攘攘的 Soho 画廊，还是在潮湿阴暗的坎塔布里亚山的洞穴中，我们邂逅的艺术呈现给人们的终究还是一团乱麻。那些旧石器时代的艺术，非但没有给我们一个清晰的概念，告诉我们什么是艺术，以及我们该怎样锁定自己研究的努力方向，反而至少与当代艺术一样，到头来还是让人一头雾水。从旧石器时代的艺术中，我们获得了以下三个启示。其一，人类初期阶段的艺术，有着令人难以置信的多样性。这种艺术不能将其简单归为同一类别。其二，如果想解释古代艺术，那无疑是撞了南墙。我们可以对它心怀敬意，但这并不意味着我们可以解读它。其三，在那个时候，既然地方的人口和生态条件决定了艺术的创作，也很可能决定了对艺术的欣赏。

对旧石器时代艺术领域的这次回溯之旅，为我们推进下几章准备了一个问题：倘若艺术性行为存在于人类尽其所能可回溯的过去，那么人类是否真的拥有艺术天性？

第 23 章

不断进化的心智

　　人类的心智最终如何创作出了这些被我们称之为艺术的稀奇古怪的物体？在前几章中，我们知道进化利用快乐塑造了人的美感。在回答进化是如何塑造人制作艺术的心智这一问题之前，我们有必要再来看看人类的智慧是如何进化来的。

　　达尔文认识到，他的生物进化论与心理学也有关联。1966 年，乔治·威廉姆斯（George Williams）写了《适应与物竞天择》（*Adaptation and Natural Selection*）一书。许多学者认为该书首次强调，适应是分析进化的重要单元。决定某种情形是适应的主要标准为"设计痕迹"。"设计"一词并不暗示神创论者所假设的有一位有感知力的设计者，它代表适应被设计用来解决过去的环境问题。1992 年，由杰尔姆·巴尔科（Jerome Barkow）、詹姆斯·约翰·图拜（James John Toobey）和莱达·考斯米兹（Leda Cosmides）编辑的《适应性心智：进化心理学与文化迭代》（*The Adapted Mind: Evolutionary Psychology and the Generation of Culture*）一书影响广泛，该书推出了预示这一全新领域到来的论文汇编。所有这些学者共同假设，在人类集体进化史的背景下研究人类的大脑，将赋予我们探究人类本性新的、根本的洞察力。正如我在本书前面提到过的，进化心理学不仅有望告诉我们，我们是如何成为今日的我们的，还有望告诉我们，我们是如何以如今的这种方式成为今日的我们的。进化心理学能够回答人是否具有艺术天性这一问题吗？"天性"一词的确切含义是什么？这个词被广泛使用，但往往准确性不够。在动物研究中，我们可以区分无意识行为和习得行为。假如一只动物在没有学习之前就做出某种行为，同时没有意识到自己的动作，且该动作是其种群其他大多数动物共同拥有的，那我们就将这种行为称作"天性"。天性行为有时非常复杂，正如我们所看到的蜜蜂舞动，它向其他蜜蜂发出食物源的方位和距离。动物的求爱行为也是天性。就人类心理来说，"天性"一词的含义并不十分明确。通常，那些程式化的、似乎是预先设定的以及无须习得的行为，或许可以归入天性的范畴。按此标准，那些人们倾向于无意识去做的，以及那些广泛存在于所有人身上的行为，则属于次等的天性。大多数人认为天性是与生俱来的。为方便我们的论述，我把天性当作心理适应的同义词。心理适应是历经无数代人在人们的头脑中构建起来的复杂行为模式，它们被设计出来，就是为了通过解决以往的环境问题来增进人类的繁殖，它们为大多数人所共同拥有。

达尔文将进化描绘成带有修正的退化，他在此处指的是复杂且设计相当完美的系统的长期进化。这些系统可以是器官，如眼睛、肝脏和大脑，也可以是生物，如鸟类、蜜蜂和人类。进化使用其配方中的三种主要原料：变异性、可遗传性和选择性。变异性是指全部人口中人们的特性或行为差异。与进化有关的变异性具有这样一种特性，它能使拥有它的人生存下去，且通常比没有它的人繁殖得更多。某种在人与人间大相径庭的特性，如头发颜色，与生存无关，但某种与抗感染能力相似的特性却与生存密切相关。此类特性和行为应可遗传，意味着人类从生物的意义上将它们传给后代。达尔文当时并不知道基因是可遗传性的载体，但他已认识到这种机制必定存在。选择性指某些基因比其他基因更容易传递给下一代的事实。你或许还记得我前文所做的有关那些奇形怪状的岩柱景观的类比，从中可以看出，物体外貌的被动侵蚀最终是如何让生动的形状奇特的岩柱景观与人们对其外形美的判断取得一致的。还可以将选择视作筛子，原始混合物中的某些基因组合比其他组合更加容易地穿过它。经过许多代人的积累，穿过筛子的基因只需增加少许，就会对基因的最终比例和所观察到的全部人口的特性和行为产生重大影响。

我们必须明白，大多数基因突变是伤害而非有助于人类的，但突变偶尔也会产生一种选择优势。经过了一代又一代人，极其珍贵的有益突变保留下来并为全部族群所共有。通过积累，人类的胰腺和肝脏等身体器官拼凑成令人难以置信、十分复杂的协调系统，用来消化食物和过滤毒素。于是，更好、更安全的营养提升了人类的存活概率，而经过优化的胰腺和肝脏则传递给了后代。

进化心理学的基本见解是这样的：通过进化，自然就像形塑人类的身体那样也形塑了人类的大脑和心智。为身体特征选择基因的同样力量，也选择了决定人类大脑特征的基因，并让这些基因执行最终赋予人类繁殖优势的各种功能。经年累月，给予人类祖先生存和繁殖子孙优势的大脑功能在一代又一代人之间不断传递积累。由此，知道如何找到营养物、选择健康的配偶以及穿越复杂地形等这些大脑功能一点一滴地嵌入人类大脑的构造中。分类、推理、计算、辨识情绪、推断他人的观点和诉求、掌握交流语言等其他复杂的认知能力，也给予了人类祖先选择优势并传递给了后代。帮助"解决"过去环境问题的大脑适应造就了人类大脑目前的构造。进化并未就人类大脑做出整体规划，然而持之以恒的修补完善意味着大脑功能运作即使谈不上完美，也运作得安然有序。

进化心理学家面对一个"逆向操纵"问题。为了理解大脑，他们从人类今天观察到的东西中逆向操作，以推导出由过去的压力设计而成的重要心理功能。他们还必须考虑伴随进化而来的其他副产品以及根据当地条件新近添加到人类大脑中的各种插入件。通过解剖人的大脑的机理构造来确定哪部分是适应性变化的产物，而哪部分不是，并非总是轻而易举的。我们从未接触过人类大脑进化的环境，而这些环境在相当长的时期内不断变化，早于并且贯穿几乎整个更新世的 200 万年。在这个时间跨度中，各种不同的环境压力对那些由数十个到几百个早期人类构成的四处游荡的家族群施加了选择魔法。例如，今天能够在多车道高速公路上安全地驾车或（在美国）理解复杂的健康保险计划，肯定会提升我们的生存机会，但人类的祖先在进化时并不需要这些技能。我们只能猜测是当时的环境压力，选择了让人类拥有繁殖优势的各种特征，这些特征构成了人类的现代大脑。

人类的大脑和身体远不只是众多适应性变化的聚集。人类大脑是其他结构的集大成者，这些结构随着人类的进化而出现、改进，甚至自我改良。生物学实例阐明了人类大脑结构和身体特性被选定的方式。骨骼由钙盐构成，选择钙的原因很可能是其结构特性优于早期生物能够找到的其他材料。钙盐也是白色的。骨骼是白色的这一事实是选择钙盐的副产品，白色没有功能上的重要意义。进化生物学家史蒂文·杰伊·古尔德（Steven Jay Gould）将这些副产品比喻成楼梯下的拱肩。正如我先前所提到过的，建筑上的这类拱肩是室内楼梯下的空间，是支柱和拱梁生成的副产品，虽然在建筑结构上无足轻重，但可以用作装饰目的。

伴随着环境的改变，进化的副产品会变得非常有用，因此被称为扩展性适应。大多数进化生物学家认为，羽毛最初是用来采集并保存鸟类身体中的热量的，而羽毛的这一特性是羽绒服和羽绒被能使我们身体保温的原因。当早期鸟类面临飞翔压力时，曾经适应采集热量的羽毛为另一目的变得大有裨益，它们产生了扩展性适应，只为能够飞行。它们的尾部和翅膀的羽毛得到进一步改良，变得更加坚硬，且羽片周围也不再对称，结果就是形成了更完美的空气动力学设计，让飞行效率更高。这些羽毛紧接着进行二次扩展性适应。因此，扩展性适应是一开始时并没什么用处的特性，当环境压力发生变化，这些特性开始变得有用。二次扩展性适应是扩展性适应的选择性改良，使上述特性更为有用。

适应性变化、楼梯下的拱肩、扩展性适应和二次扩展性适应，这些都是经过许多代在人类身体中不断聚集起来的机能，长期环境压力塑造了它们，但那并非人类大脑进化的全部故事，地区环境也参与其中，对人类进化发挥了拾遗补漏的作用。

设想有一份文件存储在你的电脑中，该文件带有某种我们大多数人都不懂的二进制密码。每当我们打开该文件时，为防止电脑的硬件或软件损坏，被存储的密码会用同样方式将自身显示出来，相同的文件就会在电脑屏幕上出现。倘若我们工作的房间变了，同样的二进制密码能在我们电脑的屏幕上打开不同的文件，这难道不可思议吗？有时，基因密码就像电脑密码一样表现得非常神奇。因地区环境的差异，基因表达自己的方式也不同。来看一下飞蛾幼虫的例子。这些幼虫生长在橡树上，春季孵出的幼虫食用橡树的花，并长成花的样子；夏季孵出的幼虫食用橡树的叶子，并长成嫩枝状。日常饮食的不同使同样的基因形成大不相同的身体。产生不同身体的能力是适应力，因为它为幼虫应对不同季节提供更好的伪装。另一个例子来自水下。海蛞蝓食用海中一种称作"苔藓虫"的苔藓，苔藓虫能够探测到海蛞蝓散发的一种化学物质。当它们探测到这种化学物质时，就会长出保护性的刺；反之，就不会。由于在环境中所感知的信号不同，同样的基因会产生非常不同的身体形状。

非洲布鲁氏朴丽鱼分为两种雄性。一种占据领地且色彩艳丽，发育出了睾丸，能够繁育后代并采用攻击性手段保护领地；另一种则不占据领地，貌似温和，未发育出睾丸，与雌性一起漂游。捕食者被领地雄性丽鱼的鲜艳色彩和张扬举止所吸引，更有可能将它们吃掉。如果一条领地雄性丽鱼死掉，而一条非领地雄性丽鱼占据了其遗弃的领地，那么在数日之内，这条非领地雄性丽鱼就会变得色彩艳丽，并生长出成熟的睾丸，还表现出很强的攻击性。倘若一条领地雄性丽鱼流离失所且不能占据一块新领地，它就会失去艳丽的色彩，它的睾丸也会随之萎缩。这些环境变化发生得迅速且不可预测，引发一系列在这种生物体中产生重大变化的基因表达事件。与进化所需塑造的适应性变化相比，环境压力能够在短时间内对生物的外观和行为施加不可思议的巨大影响。

生物也改变着其所处环境，如河狸建造水坝、鼹鼠挖掘洞穴、人类种植食物。它们改变了周围环境，形成本地生态位（ecological niche）①。每个生态位都改变了后代面临的选择性压力。随着农业的发展，更多人利用更少土地而生产出了更多的食物，人口密度也随之不断增加。从蛋白质为主的食物向淀粉为主的食物的转变造成人类营养不良，高人口密度加上动物驯化，使传染病迅速传播。由此，人类创造出了全新的环境生态位，改变了后世遇到的选择性压力。正如以下例子所示，环境生态位能够被非常本地化地创造出来。一些西非人种群在热带雨林中开垦出空地来种植番薯，由于空地中积累的静水多了起来，携带疟原虫的蚊子开始大量繁殖，数量不断增多。疟疾反过来增加了这些人种群身体中镰状细胞贫血基因发生的频次，因为这种基因可以为人类提供防止疟疾侵蚀的保护。因此，为获取更多稳定的营养源而砍伐树木，造成更多人患有镰状细胞贫血症。人类可以改变环境，而环境的改变反过来也能够影响人类的生理和心理。

本章中，我们了解到各种进化机制在生物学方面是如何进行的。所列举的各种案例通过生动活泼的形式赋予了那些在人类心理上得以进行的类似动力。跟身体及其物理特征一样，人类的大脑进化到包含各种不同心理机制，有些有用，有些只是摆设——因为不值得费力清除它们。进化过程中的适应性变化帮助人类祖先生存下来，再繁衍后代。大多数的适应性变化至今仍然有用，但有些适应性变化已没什么用处，因为它们不再与在现代世界上的生存和繁衍有任何关系。假如环境使楼梯下的拱肩变得有用，

---

① 生态位是指在群落或生态系统内，一种生物的位置或状态，由生物的结构适应。一个生物的生态位，不仅取决于生活的地方，也取决于其行为。——译者注

那么它就成为扩展性适应。扩展性适应本身也能通过选择性压力加以改进，成为二次扩展性适应。出于美学研究的目的，我们特别对这些机制如何跨越漫长岁月在人类大脑中不断积累感兴趣。我们搜集了对本地环境做出反应的其他大脑机制。有时，人类创造出反过来影响人类的身体和大脑的本地环境生态位。将这些机制的聚集铭记在心，我们已做好准备对艺术的进化进行审视，究竟是哪一种大脑机制使得人类创作并欣赏艺术？

第 24 章

不断进化的艺术

人有艺术的天性吗？艺术爱好者有一种强烈直觉：艺术是深深融入我们血液中的不可或缺的一部分。创造和欣赏艺术的冲动似乎对人的本性至关重要。假如有什么东西对人的本性至关重要，那么这个东西肯定是由进化而嵌入的一种天性。这一观点与那种强烈直觉之间仅一步之遥，并且为人们对艺术的日常观察所进一步验证。举目四望，艺术无处不在。艺术似乎是一种普遍现象。假如某种行为是普遍的，那么它有必要服务于某个适应性功能。同样，这与相信人具有艺术天性仅一步之遥。

与上述人拥有艺术天性的观点截然相反的看法是，艺术只不过是其他适应性变化的副产品而已，几位知识界的重量级人物都支持这种看法。史蒂文·杰伊·古尔德和理查德·莱万丁（Richard Lewontin）指出，正如我们所知，人类文化出现只不过一万年左右，不足以让人类大脑在选择性压力下发生实质性的变化。考虑到这一有限的时间框架，文化艺术品肯定是人类足够大的大脑为解决人类更早祖先所面临的问题而进化的副产品。心理学家斯蒂芬·平克（Steven Pinker）将艺术比作奶酪蛋糕，这一比喻非常著名。他使用了音乐的例子，指出音乐是人的耳朵的奶酪蛋糕。奶酪蛋糕是人造的副产品，它完全是为了迎合人的快感，借以满足人对脂肪和糖分的需求。同样，音乐利用人类其他适应性需求，如情绪处理、听力分析、语言（如音乐带歌词）、运动控制（音乐与跳舞有关），等等。在平克看来，音乐和其他艺术是大脑机能为其他适应性目的的进化而产生的令人愉快的副产品。

通过比较这两种观点，我们不仅得出"艺术是副产品"的看法，即艺术除了给予人快感外，不服务于任何实际目的，还得出"艺术是天性"的看法，即艺术确有目的，而这些目的是适应性的。让我们通过独立学者埃伦·迪萨纳亚克（Ellen Dissanayake）、进化心理学家杰弗里·米勒以及哲学家丹尼斯·达顿（Dennis Dutton）的著述，给艺术是天性的主张仔细把把脉。在确立艺术是天性的主张后，我们将检测这些主张应用到艺术是否适当。

埃伦·迪萨纳亚克的大部分思考和著述是在神圣的学术领域外完成的。2009 年，在哥本哈根一次神经美学会议的晚宴上，她就坐在我旁边，热情友善又不失端庄娴静。她告诉我，她取得学术成功的秘诀在于，在其他人当时不看重的领域中笔耕不辍，并在接下来的岁月中坚持发展最初的观点。圈外人的身份使她能够提出那些不曾被人提及的重要问题。她预见性地将艺术与进化联系起来，并于 20 世纪 80 年代初提出并创立了进化美学，这大大早于学术界普遍接受这一观点的时间。尤为引人瞩目的是，她以宽广的跨文化视角研究美学，而不是局限于只对西方艺术建构理论，这点与不少美学家大不相同。

在迪萨纳亚克看来，艺术蕴含在各种礼仪中。她将研究重点从分析个人邂逅艺术的美学体验转移到了人们邂逅艺术的社会作用。人们以促进合作的各种方式与艺术建立密切关系，她将这种做法称之为"进行人工装饰"或更通俗的"使其与众不同"。在礼仪中使用的普通物品会令这些物品与众不同。为使物品显得与众不同，人们尽其所能将它们简单化、风格化，或对它们夸张渲染、精雕细琢。人们通过不断使用这些特殊物品，将它们与日常用品区分开来。

迪萨纳亚克给出了艺术是天性的若干原因。首先，她从"艺术是普遍的"一般性观点开始解释，毕竟，孩子们参与到艺术活动中是自发的。他们乱写乱画、大声歌唱、随乐而动、异想天开、尽情调侃。她还认为，艺术给予人快感。在迪萨纳亚克看来，欣赏艺术犹如与好友共度时光、沉迷于男欢女爱和享用美食大餐。一句话，满足人类的基本需求。

在提出"艺术是天性"的一般性主张后，迪萨纳亚克详尽地给出了"进行人工装饰"源于适应性的两个特殊原因。其一，假如一个社会有通过共同的信仰和价值观将其成员团结在一起的共同仪式，那么这个社会就会更有凝聚力。进行人工装饰是将人们团结在一起的一种仪式化行为，一个团结的群体比一群乌合之众更有可能挺过传宗接代的压力。其二，她将进行人工装饰与母婴之间的纽带关系的进化联系在了一起。成为两足动物意味着直立人的骨盆必须变窄，然而，在骨盆变窄的同时，早期人类也进化出了更大的大脑和头盖骨。这些变化引出了这样一个问题：盆骨窄小的母亲要产下大头的婴儿。特殊的身体适应变化解决了这一难题。女性进化了耻骨，在分娩时分开；婴儿进化了头盖骨，可以压缩。女性的妊娠期也变短了，这意味着婴儿的大脑和身体在出生后还要继续成熟。因此，相比其他灵长类动物宝宝的普遍情况，人类婴儿在更长时间内更为依赖他们的照料者。迪萨纳亚克断定，随着身体的适应性变化，特定仪式对婴儿存活下来具有决定性意义。母亲开始表现出微笑、点头、扬眉、轻柔起伏发音、不断轻拍、轻触、轻吻等各种行为，增进了与婴儿的社会关系。这些程式化的行为正好属于迪萨纳亚克认为构成所谓人工装饰的简化、重复、尽心和夸张等行为模式。母亲使婴儿与众不同。这些仪式化的行为是令其他物体与众不同的根源，也是人类创作艺术的根源所在。

迪萨纳亚克关于"艺术是天性"的观点与杰弗里·米勒的提法相比，是对进化更为宽容和文雅的表达。米勒特别关注用来解释进化心理学家最喜欢的大自然奢华的例子——孔雀的尾羽——那代价高昂的吸引异性的信号假设。性选择的戏剧效果鼓励雄性为取悦挑剔的雌性，肆意做出各种轻佻的炫耀（如孔雀尾羽或鹿角）动作，以展示它们出类拔萃的体魄。正如我们先前所了解的，这些炫耀行为与自然选择背道而驰，因此代价高昂。孔雀的尾羽妨碍了它自身的行动，使它很容易成为捕食者的猎物。但在这种情况下，性选择的好处胜过自然选择的缺点。尽管早夭的风险更大，但这些艳丽的鸟儿吸引了更多的交配伴侣，有了更多的后代。在米勒看来，艺术对于人类，就相当于动物那代价高昂的吸引异性的信号，植根于趾高气扬的雄性气势中。他们做了大量无用装饰，以千方百计地让女性旁观者相信他们的绘画比旁边那家伙的画要大得多、好得多。

当代哲学家丹尼斯·达顿在他《艺术天性》一书的书名中清晰表明了自己的观点。他的立场是迪萨纳亚克的社会凝聚论与米勒的代价高昂展示

论的结合。他认为，艺术有一个特征集群，没有一个是定义艺术所必须的
或充分的。他指出，尽管存在这种固有的多变性，但他主张艺术肯定源自
自然，有其内在的源头，因为艺术行为在不同文化之间能够被轻易辨识出
来。基于一场有关人们均觉得美的景色的共同特征的讨论，他认为，人类
对与艺术密切相关的美都具有一种天性。他之所以排除了艺术是进化的副
产品的可能性，是因为他认为副产品不太可能与人类的生活有任何联系。

达顿认为，进化以两种方式产生艺术天性。首先，为了能够挺过更新
世时期的恶劣环境，人类逐渐形成了创造能力。通过编造各种故事并使其
引人入胜，早期人类不用冒着生命危险就设计出了"假如……将会怎样"
的场景。他们能将生存的秘诀转告他人，并且建构起理解他人、判明形势
的能力。最佳的说书人和最佳的听书人的生存机会比其他人略高，给后世
留下更多的说书高手和更多的忠实听众。这些创造能力很可能泛化为艺术
的其他形式。其次，那些富于创造性的人在求偶与繁衍后代方面运气会更
好。他在此处呼应了米勒的代价高昂的性选择信号的论证。在达顿看来，
艺术是自然选择和性选择共同塑造的一种天性。

这些学者都认为人类具有一种艺术天性，但这种天性是如何进化而成
的，他们的观点各不相同。这些观点中包含着四种构想，让我们来逐一加
以审视：（1）艺术是追求美的天性的表达；（2）艺术是显示繁殖力的代价
高昂的信号；（3）艺术是具有实用性的；（4）艺术能够增强社会凝聚力。
我将把那些用于评估诊断检验的医学方法改头换面，用于艺术研究。对任
何健康状况或诸如阿尔茨海默病等疾病的检验都有其独有的敏感度和特效
性。敏感度是指假如被检验人确实患有疾病，检验要做多少次方能显示出

阳性。敏感度不高的检验常常会出现疾病的漏检。特效性则指当被检验人没有发病时，检验要做多少次方能显示出阴性。对其他疾病或根本没病时，非特效性检验显示阳性。效果最佳的检验呈高敏感度和高特效性。与此相类似，让我们用评估上述主张的敏感度和特效性的方法，检验人类是否具有艺术天性。敏感度和特效性越强，可信度就越高。

难道艺术就是追求美的天性吗？在本书的第一部分，我们探讨了人的大脑适应美的各种方式。人类在进化过程中发现了面容、身体和景观的美，因为在这些美丽的形态中体验快感的特性，通过性选择（即自然选择），提供了生殖优势。但是，说一张姣好的面容或一处美丽的景观就是一幅肖像画或风景画的要义，那就是将艺术降格为那种能带来快感的视觉糖果。当大多数人将美与艺术联系在一起时，美对艺术而言，既不敏感也非有特效，敏感度的缺乏是显而易见的。新近的概念艺术虽然谈不上美，却可以具有震撼效应或极富挑衅性。艺术与美的分道扬镳并非最近的现象。弗朗西斯·培根、爱德华·蒙克、弗朗西斯科·戈雅（Francisco Goya）和希罗尼穆斯·博斯（Hieronymus Bosch）等绘画大师的早期作品冲击力十足，但未必美。那种艺术是对美的追求的主张缺乏特效性，是显而易见的。美的物体比比皆是，如人、地、花、脸，但它们都不是艺术。人有追求美的天性并不意味人就一定有艺术的天性。

艺术是代价高昂的信号的天性炫耀行为吗？艺术是个体的过度炫耀行为的观点源自 18 世纪的艺术概念。拉里·夏纳（Larry Shiner）在其《艺术虚构》（*The Invention of Art*）一书中，描述了 18 世纪欧洲的理论家是如何开始将艺术与工艺区分开来的。此前，这种区分在公众的想象力中并不存在。不断扩大的中产阶级和新兴的艺术品市场接纳了这些理论家的观点，开始将艺术看作个人创作天赋的展示。这种观念对主要为庇护人、教堂和国家创作的早期艺术作品不屑一顾。那些受委托创作的作品本质上主要是功能性的，不局限于对艺术家技艺的赞赏。例如，中世纪基督教忠实的信众将仰视 12 世纪俄罗斯圣像"仁慈的圣母玛利亚"（Our Lady of the Tenderness）作为心灵练习的一部分，并不关心是谁创作了这抚慰心灵的肖像。代价高昂的炫耀行为的论点对这些艺术丰富的历史传统并不敏感。同样，代价高昂的炫耀行为的论点也不十分有效。正如我之前所提到过的，几万美元的手表、几十万美元的汽车和几百万美元的豪宅，都是代价高昂的炫耀。毋庸置疑，有些男人使用这样的信号吸引女人的确非常有效。但我们要斥责消费艺术的显摆吗？代价高昂的炫耀行为的论点对艺术而言，既不特别敏感，也不十分有效。

难道仅仅因为艺术在人类生活中如此重要，就必须是一种天性吗？此种论断也说不通。如今，是否有用并不是衡量某些东西作为天性得以进化的标准。在人类祖先生活的早期年代，适应进化成了有用的东西。具有讽刺意味的是，人类有时更加自以为是，以为有些行为尽管无用，但当它们持续不断时，就成了适应。例如，人类从食糖和脂肪中得到的快感是一种适应，是从人类不能轻易满足此类营养需求的时期进化而来的。与此相同的寻求本能快感在经济发达国家成为一场灾难，在这些国家，触手可及的廉价高糖高脂食品造成了肥胖症和糖尿病的蔓延。有悖常理的是，这一早期特性的适应价值标准仍不胜其烦地指导着人类的行为。因此，在当下人类生活中有用并非对其予以坦然接受的感性方式，无论是对艺术的迷恋，还是对冰激凌的喜好。有用论的特殊之处在什么地方？这里，让我们回到书面语言的例子上。正如我在前文中指出的那样，书面语言是一个最佳的例证，它不是一种适应性的产物，但却与人类的大部分生活密不可分。由于其在人类当今生活中有用，而将其当作一种天性，并不十分有效。

最后，艺术是人类追求社会凝聚力的天性的表达吗？尽管增强社会凝聚力和加强团结可以算是艺术的一项重要功能，但有一点是非常明确的，即并非所有艺术都服务于此。哲学家和文化理论家告诉我们，艺术可以用服务于不同功能的不同方式加以定义。想象一下：一位沉迷于自我世界之中的艺术家埋头书斋，笔耕不辍，拓展自己的疆界，创作出了不为人知的作品。这些作品难道只因为得不到社会评价就不算艺术了吗？反之，那些增强社会团结并使得对象与众不同的行动，对艺术而言，并非有什么特效。那些体育运动队和他们的粉丝通过不断重复、夸张渲染和精心策划的各种行为团结在一起。大多数人既不会将足球运动衫当作艺术，也不会将足球流氓的行为当作一种艺术表演。除了体育，世界各国军队都在运用仪式化行为制造凝聚力。难道人们会说，挥舞军旗、踢着正步的士兵从事的是艺术行为吗？

尽管对人类具有艺术天性的观点存在着这样那样的质疑理由，但大多数人对此并不相信。这种"人具有艺术天性"的观点仍让人觉得它蕴含着真理的萌芽。各位或许会认为，放弃探求统一的艺术天性学说还为时过早，你们甚至或许已经注意到，我忽略了对艺术存在的阐释，而直接论及了艺术的定义。艺术是一种适应性行为，我对此观点的敏感度和特效性的研究策略，与那种尝试识别出定义艺术的必要和充分条件的策略相似。20世纪的哲学家认识到，运用这种策略将所有艺术全都囊括在内是做不到的。当我说明适应论据对艺术不具敏感性或对非艺术没有特效性时，或许我是在说，适应并不能定义所有的艺术形式。各位或许有充分的理由提出异议，即适应涉及事物何以成为今天的模样，而与它们是什么无关。或许，适应更能胜任对艺术的解释，至少更能够胜任对艺术的起源的解释。与艺术天性学说相比，我们也许应该接纳一个更为适度的提议。适应性变化也许对艺术的原始创作功不可没。至于是否是特殊的适应使得艺术延续至今，这个问题还须逐一审视。或许，我们不必对艺术的天性学说完全听之任之；或许，我们不必完全听从于"艺术是副产品"的观点；或许，存在着看待艺术的第三种方式。下一章，我们将通过一种在日本生长的小鸟的例子，对第三种方式加以探讨。

第 25 章

艺术：是尾羽还是鸣啭

　　倘若艺术不是天性，那我们该如何解释我们身边尽是艺术的事实呢？我们如何解释艺术雏形存在于我们看得见的过去的情形？艺术必定是深植于人类集体心灵中的一种天性的表达，这种信念难以撼动。同时，种类繁多的艺术形式也不容忽视。我们不能视而不见这样的事实：艺术完全是由历史和文化塑造而成的。艺术作品可以是一件出神入化或令人顶礼膜拜的物体，恰如那些能被机构和市场的力量轻而易举地抬高其价值的商品一样。当人们强调艺术的普遍性时，不知不觉中就倾向于将艺术视为一种天性。当人们承认艺术广泛的多样性以及是由文化造就时，便倾向于将艺术看作一个楼梯下的拱肩。还有看待艺术的第三种方式存在吗？

　　艺术是更像孔雀的尾羽还是更像孟加拉雀的鸣啭？我们还没有谈论过孟加拉雀的鸣啭，但艺术究竟是像孔雀的尾羽一样，是精细打磨出的适应性变化的表现，抑或是像孟加拉雀的鸣啭一样，是对当地环境的灵敏反应？这个问题以另一种方式来进行发问。我们知道，有些毛虫因吃的不同而长出不同的身体；有些海苔在其环境中感知到化学迹象时会发生巨大变化；有些鱼类如果突然得到或失去一块领地，就会改变外观和举止，从而对自己加以保护。我引述这些例子是为了说明，生物能够迅速发生变化，对它们所处的环境条件做出各种反应。这些变化发生在比进化适应短得多的时间内，进化适应需要很长时间的积累。为弄清楚对或长或短的时间间隔的进化反应如何能与艺术联系起来，让我们转回到孔雀的尾羽和孟加拉雀的鸣啭这个话题上。

当然，孔雀的尾羽是进化心理学家最爱举的代价高昂展示——展现孔雀的健康强壮——的例子。孔雀的尾羽精致漂亮，但也令孔雀迅速移动变得艰难，容易成为捕食者的口中之物。驱使这些漂亮尾羽蓬勃生长的是性选择而非自然选择。许多文化的人工制品被认为就像这孔雀的尾羽。正如上一章所见，在有些学者看来，艺术是代价高昂的展示的最佳例证。精致、漂亮、不太实用，听起来当然很有艺术范儿。正如我在上一章指出的，这种艺术进化观并不令人十分信服。

为描绘出某个复杂、精致和多变的行为的进化，我们需要在生物学上得到一个完全不同的例子。除了多变，该行为还不可预料，其内容与其所处环境相适应。毕竟，一块猪油只有在适当的文化背景下才能成为艺术。孟加拉雀的鸣啭为我们提供了一个富有启发的例子。它的鸣啭，不像孔雀的尾羽那样由聚集膨胀的选择性压力所驱使，而是在这些相同压力减缓的情况下形成的。通常，选择性压力的减缓对适应性变化产生了限制作用，并促进了生物有机体的变化。生物人类学家特伦斯·迪肯（Terence Deacon）指出，当选择性压力减缓时，社交语言开始使用，许多人类文化习俗也随之出现。

孟加拉雀是生长在日本的一种驯养鸟，它的祖先是凶猛的白腰文鸟，生活在亚洲的绝大部分地区。像许多鸟类一样，雄性文鸟发出一成不变的鸣啭以吸引配偶。为培育出羽毛异常艳丽的鸟，日本鸟类饲养人挑选羽毛漂亮的文鸟进行配对。在这人工生态位中，经过 250 多年的时间和 500 多代的繁殖，野生的文鸟被进化成驯养的孟加拉雀。现在，这种经驯养的鸟的鸣啭能力与它们的繁殖成功已完全没有什么关系了。尽管过去之所以选择它们是为了让它们更加艳丽，但它们的鸣啭非但没有退化到低沉嘶哑的地步，反倒变得更加复杂多变，其鸣啭的规律也更加难以预测。孟加拉雀对其社交环境也变得更加敏感。相较其祖先文鸟，孟加拉雀能够比较轻松地学会各种新的鸣啭唱段，甚至能够学会隐含在唱段中的抽象模式。孟加拉雏雀能够学会一段文鸟的唱段，但文鸟幼雏只能学会它这辈子注定要鸣啭的唱段。据迪肯称，由于唱段的内容与平常的选择压力（识别相同种类、保护领地、躲避捕食者以及吸引配偶）无关，鸣啭的自然变化以及为标准唱段编程的基因的退化就有可能发生。受污染的基因顾及了产生不太规律并且容易将鸣啭搞混的神经结构。孟加拉雀在其环境中听到的声音逐渐影响到其唱段的内容。

孟加拉雀鸣啭的改变伴随着其大脑有趣的变化。文鸟先天鸣叫的神经路径相对简单，主要受一个被称作 RA 细胞核的皮层下结构控制。相反，孟加拉雀鸣啭的神经路径广泛分布在皮层内，能够更加灵活地建立网络连接。目前，这种鸟的大脑的不同部位调整 RA 细胞核的产出。以此类推，文鸟的鸣啭和孟加拉雀的鸣啭的不同，就像按节目单演奏的音乐与即兴演奏的音乐之间的不同。随着基因对大脑功能控制的减弱，对孟加拉雀的鸣啭的先天限制也越来越不明显，它的大脑也变得更加灵活，其行为更加即兴且对当地环境条件的反应也越来越灵敏。

因此，截然相反的进化动力促成了孔雀的尾羽和孟加拉雀鸣啭的出现。增大选择压力产生出孔雀的尾羽，而缓解这相同的压力则创作出孟加拉雀的鸣啭。它的鸣啭作为一种适应的开始，之所以在较短的时间内进化成了目前的形式，正是因为它不再承担适应的功能。我们今天所邂逅的艺术，更像是孟加拉雀的鸣啭，而不像是孔雀的尾羽。

艺术从其生物学和固有特征两个方面更像孟加拉雀的鸣啭。人类的艺术感受由大脑中广泛分布的神经系统进行协调，人类大脑中没有单独的艺术模块。当邂逅艺术时，人们使用专门从事感知、情感的系统和其他背景下的含义。在每一次邂逅中启动的这些特定系统，会依据人类感知或创作的艺术种类的不同而不同。大脑结构为协调复杂行为所做的此类灵活调整，与我们在孟加拉雀鸣啭时在其大脑中见到的情形十分相似。孟加拉雀的大脑中没有专门的鸣啭模块，相反，不同皮层结构灵活地发出指令，协调它随口发出的鸣啭。

艺术是复杂的，这是定论。艺术也是千变万化的，这就是不同艺术作品看起来可以毫无相似之处的原因所在；即便是明确定义哪些物体是艺术都困难重重。艺术还精确回应其发生地的文化环境。旧石器时代的画匠可能满脑子都是猎物，同样，像其他许多鸟的鸣啭一样，孟加拉雀的鸣啭也十分复杂；与其他许多鸟的鸣啭不同，孟加拉雀的鸣啭变化多端。同一只鸟可以根据不同背景用同一唱段鸣唱出不同形式的鸣声，不同的孟加拉雀能够学会鸣唱出不同的唱段。这种鸟对所在环境极其细腻的敏感反映在其鸣啭的内容中。

尽管孟加拉雀的鸣啭宛转悠扬、荣光无限，但还是起源于白腰文鸟那天生的鸣叫。与孟加拉雀的鸣啭一样，艺术也有适应性的来源。想象力、运用象征的能力、从美中体验快感，以及社会凝聚的倾向，如此等等，或许正是艺术创作和带来美的享受的源头所在。

想象力和运用象征的能力是艺术的先决条件。人类运用这些能力创作并欣赏艺术。正如我们在上一章得知的那样，艺术作为一种载体，通过提供美或社会凝聚力，可以是一种适应性变化的表达。无论如何，当今的艺术可以表达美，但它不需非得如此；艺术能够促进社会凝聚力，但它也不需非得如此。摆脱了美或社会凝聚力的适应性优势的束缚之后，艺术可以变得更加丰富多彩。艺术利用了其来自适应的根源，但它当前的力量则来自其灵活和随机应变的秉性。当代艺术产自人类自身创造的特定的环境氛围，而不是产自被牢牢控制住的某种天性，其之所以繁荣，恰恰在于它摆脱了这些本能的束缚。

有人认为，艺术的繁荣恰恰是因为选择压力得到了减缓。让我们思考一下，对这一观点有可能存在哪些异议。那些所谓的革命艺术，或异见者的艺术，又是怎样的一番景象呢？此类艺术通常气势非凡，它们是在巨大的胁迫压力下创造出来的。

那种艺术产生于选择性压力减缓之时的观点，并未因革命艺术而有所减损。展开这一论点前，有必要强调一下增强或减缓的选择性压力的一个关键特征：改头换面（变种）以及改头换面时所发生的事情。行为中的改头换面（表型变异）是基因变异和环境影响的结果。导致基因变异的随机突变通常对生物体本身没有助益，正因为如此，很多基因突变是致命的或会引发疾病。通常，基因突变会被清除。从事清除的进化引擎促使行为向一致性发展，即向进化生物学家所称的"固定性"发展。当适应行为从选择压力下解脱，异常行为不需要被淘汰。行为对继续生存已无关紧要，可以随时"突变"。因此，在日益增强的选择性压力下，变种被剔除；在日益减缓的选择性压力下，变种则迅速增加。

我们有必要再讨论一下增进社会凝聚力的一系列行为。我们从上一章得知，艺术的创造和感知属于（但绝不是唯一的）此类行为。回到过去，在更新世时那些四处游荡的早期人类组成的若干族群（每个由数百人组成）之间促进社会凝聚的行为，不具备人类在复杂社会所拥有的同样的力量。如今，人类已将增进社会凝聚力的个人行为的一些优势转化成了由政府强制执行的法律和规则。随着对个人社会行为的限制减少，导致社会凝聚力的行为就会自然流淌出来。当要求艺术增加凝聚力的压力降低时，艺术作为社会凝聚力的表达便会发生变化。只要反作用力一息尚存，艺术这种新的开放性和多样性就会始终存在。同样的动力在专为艺术打造的每一项适应功能中释放出来。假如那种引发适应上升的选择性压力减缓了，行为就可以无拘无束地流淌出来。将孟加拉雀的鸣啭与艺术进行类比是有意义的，因为构成这两种行为基础的结构性动力是相似的。无论是孟加拉雀的鸣啭，还是艺术，其最初都带有适应性功能的目的。之后，它们不是被环境的选择性压力打磨，就是从环境的选择性压力中释放出来。被打磨时，它们变得千篇一律并被夸张渲染；而一旦被释放出来，它们就变得千姿百态。

交替出现的选择和减缓动力意味着艺术有时是由选择性环境压力（由文化小环境强行施加的）塑造出来的，假如这些压力减缓了，它有时便会呈现出百花齐放的景象。若是前者，艺术就变得千篇一律，其变化是渐进的精致化，发生在有限的形式和内容的巢窠之中。中世纪基督教的象征符号或许是此类艺术的一个例子。此类艺术在教堂中为增进社会凝聚力所承担的功能作用表明，艺术上发生的各种变化是不断递增和不断完善的，为的是在这一特定的环境氛围中强化这些功能。人们在参观各式各样的中世纪基督教教堂的过程中所能看到的艺术，在风格和内容上可能会在相当程度上受到限制，与他们在参观现代艺术博物馆时所看到的艺术大相径庭。

谈到革命艺术，基于增加或减缓的选择性压力的动力，我的第一个预判如下：长期存在的高压状态，会阻碍那些丰富多彩的以及在现代人眼中富有创造性的艺术的出现。这些社会的艺术即使曾被创作出来，那也是刻板俗媚的装饰之物，在严密制定的规则中发挥作用，还有可能沦为政府强制宣传服务的工具。然而，当来自政府的选择性压力有所减缓时，创造性和多样化艺术将无声无息地涌现出来。当前，互联网提供了这样一种宣泄的途径，使社会形成的选择性压力得以释放。

我的第二个预测是，当一个国家发生从压制到开放转变，艺术的性质也会随之发生变化。革命艺术在由特定环境生态位施加的选择性压力和减缓性压力之间的过渡期间产生。一旦国家允许个人自由，我们将看到百花齐放的艺术实践，就会在纽约、巴黎、巴塞罗那以及一个开放社会中的任何一个主要城市出现。如果这一论点的逻辑合理，那么，一个社会在任何特定时间内的艺术多样性，就是一把衡量其自由度的尺子。国家对艺术家施加的选择性压力越多，其文化中产生的艺术就越千篇一律，种类也越有限。这些压力未必是我们一直谈论的那种压制性政府的所作所为，它有可能只是经济的困难时期，因为当面临经济困难时，艺术行为由金融势力选择并受其限制。艺术越多地从各种选择性压力——无论是国家的压制还是经济的强取豪夺——中解脱出来，处于该文化中的艺术便越能繁花似锦。

我的预测与前面探讨过的孟加拉雀类比有一定关联，该类比的要点不在于孟加拉雀的鸣啭是艺术，而文鸟的鸣叫不是艺术。相反，两种鸣啭都是在特定的环境生态位中出现的艺术的不同特性的实例。文鸟的鸣叫，就像国家控制下的艺术，不似孟加拉雀的鸣啭那样宛转悠扬。相反，减缓鸟的鸣啭和艺术的选择性压力，可以增加社会可及的选择种类。虽然艺术可以是天性的表达，但它常常不是。事实上，或许我们认为是最出乎意料和别出心裁的艺术，恰恰出现在选择性压力减缓的条件下。

我们在探寻如何看待艺术的第三种方式中开始了本章。我们需要这第三种方式穿梭于两种看待艺术的传统方式之间，这两种方式不是将艺术看作进化的副产品，就是将其当作一种天性。否则，我们就不能解释艺术那丰富的多样性，也不能同时解释其普遍性。一种行为可以有适应性根源，此后，在适应性变化所受到的选择性压力减缓时，行为便发生了进化，白腰文鸟和孟加拉雀的上述进化方式，为我们提供了看待艺术的第三种方式。正如我们在讨论革命艺术时所领悟的，艺术变化取决于它的环境生态位，为达到某些目标，它能够被精雕细琢。艺术能够从为某个目标效力的负担中解脱出来，猝不及防地发生突变，甚至只为自身存在而绽放。艺术既可以是一种天性的表达，也可以是这种天性的一种消遣方式。这其中的关键在于，某个特定文化环境中的艺术是遵从严格制定的规则，还是千变万化、不可预测。最终结果是，艺术是人类自由的标志。

第 26 章

艺术的意外收获

我在本书的引言中曾描述过我参观马略卡岛帕尔马市的现代与当代艺术博物馆的情形。我饱览帕尔马湾的美景，欣赏毕加索和米罗的大师绘画作品，被一个称为"爱与死亡"的当代艺术展搞得晕头转向。在你我徜徉于美的科学、快感和艺术之后，让我们重新回到此情此景中。

帕尔马湾风景优美，波光粼粼的海水和随风摇曳的棕榈树令我心旷神怡。那时我想，绝大多数人都会觉得这里的风景美如画卷，而我的直觉很可能是对的。人类都有一种欣赏美的天性，更准确地说，人类都有各种欣赏美的天性。一些适应性变化使人类认为某些物体是美的。其结果是，美变成了一个含混不清的东西。当讨论容貌美时，我们知道，均分的面容标志着更大的潜在基因多样性；夸张的性别二态性宣示着健康；对称既代表健康，也能够让人更轻松地处理任何一个视觉目标。当细细品味美景时，人们发现，各种不同的感官适应使景色或多或少具有吸引力。这些适应性的变化显示了营养源和对危险的防范。在诸如数学定律等抽象事物中发现美，还需仰仗其他适应性能力，如将大量复杂信息转化为能够理解的简短

金句的能力。人类对美的普遍感受，是各种进化适应随意拼凑的结果。将
这些人、地点和诸多验证联系在一起，形成"美"的感受的原因是，在这
些抽象物体中获得快感的人类祖先，恰巧是那些儿孙满堂的人。大多数人
或许都觉得帕尔马湾的景色美不胜收，这是因为他们通过遗传获得了人类
祖先相同的快感。

复制一处像帕尔马湾这样的景致，并不能自动创作出伟大的艺术。大
多数美景（如海滩落日）的照片或绘画看上去都平庸乏味。我们曾强调，
美学和艺术是不同的。人对任何数目无需是艺术品的物体都有美的反应。
艺术品引发的反应可能是令人快乐的，但它们未必必须如此。即便大多数
人将美与艺术联系在一起，但艺术却未必就是美的。艺术通常并不美。

在帕尔马的现代与当代艺术博物馆中欣赏毕加索的陶盘和米罗的版画
作品带给了我极大的快感。无论来源为何，人的快感都统一经过相同的大
脑系统。从上一节中我们知道，人类的核心快感来自深植于大脑之中的腹
侧纹状体。不同快感经过相同大脑系统的事实意味着，人类可以有许多快
感源，并且可以不断制造出新的快感源。这表明，人能够且确实从数字和
金钱这样脱离了人对食物和性的基本需求的抽象物体中获得快感。只要某
个物体利用这个深植于人大脑中的系统，人就能感到该物体的赏心悦目。

观赏米罗的版画作品时，我感觉自己在喜爱它们的同时，还想得到其
中的一幅，把它挂在我家里。这两种欣赏米罗的方式植根于我大脑中的喜
爱和想要的系统中。喜爱和想要的这种典型结合自有其意义，因为想要使
人采取行动，以获得心仪的物品。一旦获得这些物品，人就能从中得到快
感。但这两个大脑系统可以分开。对喜爱和想要的区分，为莎夫茨伯里伯

爵和伊曼纽尔·康德所倡导的 18 世纪的各种主张提供了一个生物学上的解释。这些思想家将审美体验描述为"无利害计较的兴趣"状态。假如一个人接受将审美体验说成无利害计较（并非每个人都如此）的话，那么在启动人的喜爱系统的同时不启动想要系统，这便是人的大脑中的无利害计较的爱好。

即使人的快感都集中通过相同的大脑系统而产生，但是说人从艺术中得到的快感与吃糖得到的快感相同，那实在是愚不可及。诚然，审美体验更加复杂。审美体验远远超出人类基本欲望的简单快感，各种审美体验的情感回报差别更加细微，而审美体验也更能够被人类的认知系统加以修改。

人的情感能够被美的邂逅所激发，对此种微妙方式予以说明的一个经典例子，仍然出现在 18 世纪理论家的著述中。埃德蒙·伯克探究了审美体验中的美和崇高。他认为，崇高的物体将吸引和恐惧巧妙地结合在一起。巍峨高山的宏伟肃穆可以让人产生崇高感，人们在感受它们那令人敬畏的美的同时，不得不面对自身的渺小。审美体验常常巧妙地利用各种情感交集。

人们在面对艺术作品时常常百感交集。山的宏伟庄严能够同时引发各种不同的情感，这也同样适用于艺术作品。当代艺术在与信仰做斗争时，在构思其执迷的行为时，或在号召人们反抗暴虐的制度时，能够激发出人们复杂的情感组合。艺术产生敬畏、恐惧、激情、狂热、愤怒以及各种沉思状。正如表现派理论家所指出的那样，艺术能够传达难以言表的细微情感，这些情感能让我们的心脏急速跳动、瞳孔扩大，使整个人不寒而栗。

　　我对"爱与死亡"主题展的感受与我观赏毕加索和米罗作品的感受大不相同。我观看毕加索和米罗作品时所拥有的知识和阅历，与我参观"爱与死亡"主题展时所拥有的知识和阅历也有着天壤之别。我曾看过多幅毕加索和米罗的画作和版画的真迹，也曾阅读过不少有关其作品的分析文章以及对他们生平的描述。当我欣赏他们的艺术作品时心中油然而生的喜悦，是与我在凝视作品时头脑中所传递的知识分不开的。而对于"爱与死亡"主题展中的那些艺术作品，我对参展艺术家、他们创作作品的背景，以及他们想要达到的目的一无所知。我先前曾提到过，感知、情感和含义是审美体验的核心。我能欣赏澳大利亚土著居民的艺术，因为其色彩和风格令我赏心悦目，但我并不理解它们的含义。同样，因朴素的形式和程式化的表达，我可以喜欢多贡人（Dogon）的面罩，但对于它们如何使用则一无所知。在这种情况下，获得一次审美体验，我的感官快感便足矣。然而，当我在观赏过程中，心中丝毫没有与之互动的感觉和情感时，就像我第一次参观"爱与死亡"主题展那样，假如没有关于作品的额外说明，我肯定不知其所云。

　　含义甚至影响各种单纯的快感。事先识别出可乐饮料的商标可以影响到人们品尝它时的味觉；事先知道某个影像是电脑生成的还是从博物馆展品中复制的，可让人的大脑中的奖励系统做出不同反应。我们所"看见"的，只是审美冰山的一角。之前，我曾举过审视用阿拉伯文书法书写的《一千零一夜》叙述文本的例子。我可以不知道文本所传达出的意思，但能够欣赏阿拉伯字母那栩栩如生的形式之美。然而，假如我懂阿拉伯语，我对该书书法的感受就会大大改变。同样，当人们能够理解某件艺术作品时，他们的审美体验也会发生巨大的变化。看一眼"爱与死亡"主题展的简介板，我对展示的艺术品有了截然不同的感受。这种变化了的感受不是说简介板上对展品的解释不正确，相反，上面的解释为我提供了入门知识，有了这些知识，我得以更好地理解这些展品所要表达的意思。

在讨论艺术借以表达的含义时，我们遇到了神经科学对美学所能提供帮助的瓶颈。神经科学对人类欣赏具象绘画作品的方式有话要说。我们对人类如何识别物体、地点和面容有所了解，就艺术对物体、地点和面容的描述而言，我们对大脑如何对其做出反应也有所掌握。但我们的这些知识是对此类物体的一般理解，而不是对塞尚的静物画、伦勃朗的肖像画和特纳的风景画的特殊反应。假如人们认为对审美体验进行分析的关键是特定艺术作品的含义，以及该含义对其深植于当地文化中的历史地位的反应方式，那么，艺术对各种解释所固有的开放性，就成了神经科学难以解决的问题。对于某件特定作品多层含义的理解，已远远超出了各种科学方法的敏锐度，而这些方法只有在总结归纳时效果最佳。科学的美学能够辨明知识对审美邂逅的各种普遍效果，但无法观察到渗入特定艺术作品中的特定知识和多层含义。

神经美学的研究表明，人的大脑中并没有特定的审美或艺术单元；人类没有与视觉、触觉和嗅觉感受器相似的专门负责审美的感受器；人类没有与恐惧、焦虑和幸福情感类似的专门负责审美的情感；人类没有与记忆、语言和行动系统相似的专门负责审美的认知。反之，审美体验可以灵活地激活感知、情感和认知系统的神经系统。内嵌于神经系统中的这种灵活性，是使艺术和审美体验千变万化、不可预测的原因之一。

人类并没有艺术天性。我怀疑，这样说对很多人并不太适合。艺术是一种天性的观点令人宽慰，因为它暗示：艺术确实非常重要；艺术是人自身重要和不可分割的一部分；艺术是全人类的精神支柱。那些在教育、公

共政策以及公共讨论中贬低艺术的人，就是在贬低人类本性。而一个来自
广大艺术爱好者的深深的困扰在于，如果艺术不反映天性，那么人们或许
就会得出如下结论：艺术是微不足道的，是可有可无的，它只不过是为所
欲为的社会的一个奢侈品而已。现在，我们应当很清楚，这个结论是站不
住脚的。正如我之前曾经提到过的，人类没有阅读和书写的天性，然而，
很少有人说阅读和书写是微不足道的，是可有可无的，不过是为所欲为的
社会的一个奢侈品而已。

艺术无处不在，甚至可以追溯到人类能够说得出来的远古时代。那
时，艺术早已以某种形式存在了。艺术的普遍性使它不可能只是其他已进
化的认知能力的副产品。学者们通常将艺术说成一种天性或人类进化的副
产品。人类需要看待艺术的第三种方式，既认可其在人类大脑中孕育而生
的普遍性，也接受其由历史塑造的多样性。在上一章中，我使用了白腰文
鸟和孟加拉雀的鸣啭的例子，提出了一条看待艺术的第三种方式，既承认
艺术的天性根源，也乐于接受其文化的繁荣。对行为的天性限制的减缓，
恰恰是使得艺术的演变变得灵活多样，并如此精彩绝伦和令人惊喜连连的
原因所在。

在强调艺术是对所在地环境的反应时，难道我们遗漏了什么重要的东
西吗？归结到一点，那些最动人心魄的艺术，其所涉及的难道不都是我们
所有人都面对，且始终面对，并将永远面对的主题吗？"爱与死亡"主题
展令我困惑迷茫。这个展览难道涉及什么普遍的主题吗？对于这些问题，
我的回答是，即便艺术作品在表达普遍的主题时，其所运用的也是当地的
表达方式；即便爱与死亡是人类普遍的主题，但这并不意味着我可以与那

些在被连根拔起的大树的枝条下散落的小鸟们亲密无间。艺术的力量可以感动人，并使人们用全新的眼光去欣赏那些运用旧主题的艺术作品，它借用当地的表现方式触及我们的心灵。艺术的内容是由发生地的环境塑造的，包括艺术诞生地的文化、其历史先例、其创作和被接纳的经济条件，以及与时间和地点有关的相互关系。

如果说美是个混血儿，那么艺术便是怪物喀迈拉（chimera）①。艺术是由适应、装饰用的拱肩和扩展适应组合而成的大杂烩，充斥着由历史的偶然变故和文化生态位塑造而成的各种修修补补和插件。当文化压力选择了某种特定的艺术种类时，所创作出来的艺术就落入了千篇一律的窠臼；而当文化的选择性压力减缓时，艺术便呈现出百花齐放。人类谈不上有任何的艺术天性，有的只是激发类似于艺术的行为的天性而已。艺术的产生不是因为受到天性的支配，而是因天性控制的减缓，使其得以尽情地表达自我。艺术自发地萌芽、侥幸地成熟。艺术的内容是时间、地点、文化和个性交织后的灵光乍现。艺术的产生还能有别的方式吗？一种宏大而统一的艺术天性学说的缺失，并不令人担忧。相反，恰恰是艺术的多样性、地区性以及偶然性的本质，给我们带来了惊喜与启迪，迫使我们以不同的方式看待世界，让我们接地气，为我们带来心灵的震撼，让我们心旷神怡，抑或令我们愤愤不平、迷失，让我们成为虔诚的信徒。

一旦放飞心灵，我们便会无拘无束地与艺术融为一体。此刻，我们心中除了艺术，别无他念。

---

① 喀迈拉一般指奇美拉，是古希腊神话中的怪物。它拥有狮子的头、山羊的身躯和蟒蛇的尾巴，它呼吸吐出的都是火焰。——译者注

致谢

The Aesthetic Brain

———

创作一本书就像法律条文和香肠一样，看上去或许毫无美感可言，尤其是撰写美学专著时，这种闹心的感觉更是有过之而无不及。而我非常幸运，在撰写本书的过程中，有众多的热心人一直伴随左右，正是他们的鼓励和帮助，才使这本书不那么招人嫌。在此，对他们的慷慨相助，我深表谢意。

莉萨·桑特尔是我的搭档，在过去25年多的时间里，她阅读过我撰写的大部分专业论著。可谓"近水楼台先得月"，她在书稿最不堪入目时先睹为快。作为本书最主要的编辑，她花费了大量时间阅读初稿，并一再告诫我要弄清楚自己想说些什么。倘若各位拨冗阅读本书，一定会为她对初稿的精雕细琢献上赞美之词。

我希望本书能得到人文学者、科学家以及那些对此话题感兴趣的普通读者的喜爱。好运再次降临到我的头上，许多睿智之人献计献策，他们的广博学识、专业见解以及朴素而又精准的判断力，使得本书百尺竿头更进一步。这些人士大多日理万机，埋头各自的专业领域或忙于个人生活而无暇他顾。就在我绞尽脑汁、冥思苦想之际，他们肯抽出宝贵的时间细读拙作，对他们，我心中充满了感激之情。

马科斯·纳达尔是一位心理学家，在人类进化和经验美学领域学识渊博。应他之邀，我于 2010 年秋季造访了马略卡岛，正是此访促成了我写作本书的念头。承蒙他认真阅读原稿和悉心指导，本书从内容到结构都达到了难以企及的高度。

奥辛·瓦塔尼安是一位心理学家和认知神经科学家，在实验神经美学创建之初便浸淫其中。他的心理学和经验美学知识，在将拙作纳入更宏大的经验叙述之中居功至伟。

心理学家乔纳·夸伊特考斯基（Jonna Kwaitkowski）在经验美学方面涉猎甚广。数月来，她对此项目的热心一直激励着我。而她对"声音"的直觉一针见血、发人深省，我当然将其笑纳，并将其作为本书大部分内容的基调。

赫尔穆特·莱德是一位认知心理学家，在其深耕的与本书相关的经验美学领域，其专业知识恐怕在当今世界上无人能出其右。2011 年，我在创作本书期间曾造访维也纳。他是一位不时带来惊喜的东道主。他为本书的早期书稿添枝接叶，令我感激不尽。

我的同事拉塞尔·爱泼斯坦是位认知神经科学家，负责检查我是否将神经科学过于简单化，以及我对人文科学的探究是否能为人所理解。我感谢他的感知力和宝贵建议：要不断重复要点，别让读者在我闲聊式的言语中迷失。

哲学家威廉·希利对神经美学的兴趣持之以恒，对书稿的反馈弥足珍贵。像任何一位优秀的哲学家一样，他单刀直入，指出我思维的混乱之处，特别是在"艺术"那部分。

诺埃尔·卡罗尔是一位资深哲学家，对美学和艺术哲学兴趣浓厚、见地深刻。他的建议充满睿智、大有裨益。写作本书时，我参考了他那富有针对性的建议，才使得本书的终稿获得极大提升。他对本项目的热忱是我最大的底气。

艺术批评家布雷克·戈普尼克对科学美学从根本上持怀疑态度。对我来说，有位读者对我所做的项目虽有所保留，却还愿花时间向我解释其中的原由，真是一种莫大的享受。在本书创作过程中，他那犀利中肯的评论可谓千金难抵。

拉斐尔·罗森伯格（Raphael Rosenberg）是一位艺术史学家，对经验主义方法情有独钟。我在维也纳曾与他有过一面之交。相聚虽然短暂，但他仍乐意阅读书稿，所提真知灼见令我茅塞顿开。他对我的研究方法表现出极大热情，并提供了大力支持，令我备感振奋。

认知神经科学家约瑟夫·凯布尔（Joseph Kable）是我从前的学生、现在的朋友，对研究人类大脑的决策和奖励机制方面的专业知识游刃有余。他审读了本书的"快乐"部分，在是否用某种方式使这部分无可挑剔方面为我指点迷津，以保证不会让名副其实的神经经济学家贻笑大方。

欧拉的恒等式为何如此优美？对这一问题，数学心理学家丹尼尔·格雷厄姆或许须臾间就能给出答案。他阅读了书稿中有关数字以及实验艺术科学的章节，安慰我说，我写的相关内容都讲得通。

珍妮弗·墨菲（Jennifer Murphy）是我的密友，帮助我将本书向预期中的非专业读者推出。她在大学主修英语，对我的遣词造句没有一丝疏忽。目前她虽然从事科研工作，但研究的领域既非神经科学，也非心理学或进化生物学，她却指出了我书稿中那些需要平缓流畅叙述的突兀之处。对我而言，她一以贯之的支持弥足珍贵。

在宾夕法尼亚大学这种地方工作实在令人惬意，其中之一便是，几乎随处可遇那些知识渊博、学术功底深厚的高人。在此，我要感谢罗伯特·库尔茨班（Robert Kurzban）和马克·施密特（Marc Schmidt）。库尔茨班是一位名副其实的进化心理学家，而施密特研究的则是鸟类鸣啭的神经基础。他们抽出宝贵时间，分别与我共进午餐，和我探讨我关于进化心理学和鸟类鸣啭的种种想法。将他们各自研究领域（需要声明的是，我没有任何专业知识）中的相关理念纳入本书，我有些忐忑不安，是他们帮我打消了顾虑。

最后，我要对牛津大学出版社编辑团队的鼎力支持表达诚挚的谢意。印制编辑艾米莉·佩里（Emily Perry）和校对杰里·赫尔伯特（Jerri Hurlbutt）堪称一流；助理编辑迈尔斯·奥斯古德（Miles Osgood）和市场经理约翰·赫赛尔（John Hercel）不厌其烦与我多次沟通，每次沟通都给我留下兢兢业业的印象。牛津大学出版社的设计团队技艺高超，令我由衷钦佩、万分感激。他们将腹侧大脑以平面艺术方式呈现出来并用作本书的封面，让我眼前一亮、如沐春风。凯瑟琳·亚历山大（Catherine Alexander）是第一任编辑，对本项目的启动功不可没。她相信这样一本书恰逢其时，对我撰写它的能力信心十足。凯瑟琳离开牛津大学出版社后，精明能干的琼·博赛特（Joan Bossert）接手了本书的编辑工作。本书得以在各位面前呈现，归功于她的耐心、建议和热情鼓励。

译者后记

The Aesthetic Brain

　　《审美大脑：人类美学发现简史》是美籍印度裔科学家安简·查特吉的一部关于审美与人脑及其进化相互关系的力作。

　　对于美学研究及成果，往大了说，恰如作者在"序"中开宗明义所坦言的："对人类来说，艺术和审美早已渗透到骨子里了。在这方面，哲学家、历史学家、文艺评论家和艺术家们是最有发言权的，更何况在岁月的长河中，人类对该领域的认知已达到相当的深度。"

　　往小了讲，粗略检索一下像牛津大学出版社这样在西方出版行业名副其实的翘楚，发现它迄今出版的与美学、审美相关的著作，绝大多数的确出自哲学、美学或艺术科班出身者之手，有胆识、有能力并且成功的"跨界者"寥寥无几。对此，查特吉在"序"中毫不讳言："我简直就像某些寓言中描述的傻子一样，竟敢贸然闯入一个连神灵都望而却步的异域。一个科学家为什么偏偏要就美学发表高论呢？"

　　安简·查特吉的这番感慨并非空穴来风，也不是无病呻吟，它反映了一个重要事实，无论从传统或从现实看，在目前美学与审美研究方面都有以下三点共识。

其一，美学与审美源自艺术，互为依存。譬如，中国现代美学奠基者、美学家朱光潜先生在《西方美学史》（上）序论中就指出，"人类自从有了历史，就有了文艺；有了文艺，也就有了文艺思想或美学理论。""艺术美是美最高度集中的表现。"

其二，美学和审美总体属于哲学范畴。对此，朱光潜在这部著作中分析道："在早期希腊，美学是自然哲学的一个组成部分。早期思想家们首先关心的是美的客观现实基础。"而"苏格拉底是早期美学思想转变的关键。他把注意的中心由自然界转到社会，美学也随之转变成为社会科学的一个组成部分"。因此，"美学实际上是一种认识论，所以它历来是哲学的一个附属"。

其三，在西方文化中，美学被公认为人文精神与科学精神的共同产物，但对美学是否是一门独立科学却见仁见智。德国哲学家鲍姆嘉登因在 1750 年首次提出美学是一门独立科学并将其命名为"埃斯特惕卡"（Aesthetica）而赢得"美学之父"的荣耀。

然而，正如中国著名美学家阎国忠先生在《美学七卷》（之六）中"美学建构中的尝试与问题"一文中指出的，"美学能否成为一门独立的科学也是一个老问题。康德是伟大的美学家，而恰恰是他否认美学是一门科学"。阎国忠先生认为，"持这种主张的人无一例外是依据了自然科学的范例。自然科学一般可以采用精确的测量方法，其成果是可以量化的，美学则不可以"。

上述共识从一个侧面反映了哲学家、美学家李泽厚的一个重要美学观点——美是随时代发展变化的。他在《美的历程》一书中开创性地提出"今古共情"的思想，并用"所谓人性"这一关键词解释了"如此久远、早成陈迹的古典文艺，为什么仍能感染着、激动着今世和后世"的美学研究之问。

如果说，事实证明美与审美是因时空而变的一个变量的话，那么如何与时俱进，意义就更大了。根据科学的最新进展，对美学的研究方法进行不断创新，1988 年，法国人类学家克劳德·列维 – 斯特劳斯在《亦近，亦远》中自问道："你认为当今世界还有哲学的一席之地吗？"他回答道："当然有，但只有当哲学基于当今的科学知识与成就时才能立足……哲学家不能将自己与科学发展隔离开来，因为科学不但极大地扩展和改变了我们对于生命和宇宙的视野，同时也变革了人类思考的方式和规则。"可以说，他的上述观点也是《审美大脑》一书最核心的意义所在。

围绕这些问题，在全书翻译过程中，作者给我留下的突出印象有以下两点。

第一，查特吉不仅对文中内容把握精道，且对传统美学理论与审美成果及其方法等做了相当深入、细致的思考，进而凭借自己的科学思维和最新科研方法，以人类审美与生命进化的独特视角，从部分欧洲艺术家作品鉴赏为切入点，开创性地将美学、人体神经科学和进化心理学等多学科联系在一起，提出了"神经美学"的概念。对此，作者的解释是："将研究侧重点聚焦于人的大脑功能，将有助于我们对美感作用机理的理解，而进化心理学的参照标准则将帮助我们了解美感的原因所在。"

第二，尽管查特吉谦逊坦承，"神经美学目前仍是一门尚处于起步阶段的学科，该领域的专家们日常讨论的重点现在还主要集中在研究方案、调研手段等方面，眼下他们甚至还在考虑究竟哪些问题应该纳入该学科的研究范围"。但如傅雷先生在其《世界美术常识》一书中所指出的，在西方文化中，文艺复兴带来了人的精神解放并促进了包括科学、文艺等学科的发展，哥白尼的"天文革命"强化了人对科学的认知，产生了科学思维，而达·芬奇一生致力于科学的思考和对艺术的追求，他认为，"对于一切艺术与审美，个人的观照必须扩张到理性的境界内。假如一种研究不是把教学的抽象论理当作依据，便算不得科学"。

所以，安简·查特吉先生在为全书画上句号之前，基本上回答了美学与审美领域长期存在的一个关键疑问，即"人类渴求美与鉴赏艺术的能力是如何进化而来的？"

因此，作者在本书中将世界科学最新的研究成果和科学界对美学的全新视角融入到现今的美学研究当中，不啻为传统的美学与审美研究带来一股清新之风，令人眼界大开。相信本书一俟出版，必将为当下国内的美学研究注入活力，还将帮助人们从本质上对人脑与审美之间的奥秘有更进一步的认识，从而树立更科学、更理性的审美意识。

燕子

The Aesthetic Brain: How We Evolved to Desire Beauty and Enjoy Art.

ISBN: 978-0-19-981180-9

Copyright © Oxford University Press 2014

The Aesthetic Brain: How We Evolved to Desire Beauty and Enjoy Art published in English in 2014. This translation is published by arrangement with Oxford University Press through Andrew Nurnberg Associates International Ltd.

Simplified Chinese edition copyright © 2025 by China Renmin University Press Co., Ltd.

China Renmin University Press Co., Ltd is responsible for this translation from the original work Oxford University Press shall have no liability for any errors, omissions or inaccuracies or ambiguities in such translation or for any losses caused by reliance thereon.

北京阅想时代文化发展有限责任公司为中国人民大学出版社有限公司下属的商业新知事业部，致力于经管类优秀出版物（外版书为主）的策划及出版，主要涉及经济管理、金融、投资理财、心理学、成功励志、生活等出版领域，下设"阅想·商业""阅想·财富""阅想·新知""阅想·心理""阅想·生活"以及"阅想·人文"等多条产品线，致力于为国内商业人士提供涵盖先进、前沿的管理理念和思想的专业类图书和趋势类图书，同时也为满足商业人士的内心诉求，打造一系列提倡心理和生活健康的心理学图书和生活管理类图书。

《寻找大脑快乐分子：内啡肽发现简史》

- 科学界一场旷日持久的关于"天然镇痛剂"——内啡肽研究发现的逐鹿之战。
- 在人类探索、发现与创新科学的精彩故事中，彰显使人类得以不断进步的科学探索精神。

《脑洞大开：探寻思想的根源》

- 知名首席神经科学家带你探寻智力、创造力、想象力和梦境的驻扎地——神经胶质细胞。
- 为你开启大脑另外90%的世界以及一切思想来源的发现之旅。